BIRGIT HOLLER
HEIKE SCHMIDT-RÖGER

Chihuahua

Praxiswissen Hund

AUSWAHL, HALTUNG,
ERZIEHUNG, BESCHÄFTIGUNG

KOSMOS

☞ *Inhalt*

SO SIND CHIHUAHUAS — *Geschichte und Wesen*

ENTSTEHUNGSGESCHICHTE

Er ist clever, einfühlsam, mutig, wachsam, sportlich, hat eine gute Nase und steckt voller Energie. Ein Konzentrat mit riesiger Persönlichkeit: Im winzigen Chihuahua finden sich alle Eigenschaften, die ein richtiger Hund haben muss. Und genau das macht ihn so beliebt.

Der Chihuahua, ausgesprochen „Schiwawa" und auf Spanisch „Chihuahueño" genannt, ist eine sehr alte Rasse aus Mexiko – und der kleinste Hund der Welt. Den Rassenamen hat er von einem Bundesstaat im Norden Mexikos. Wie und von wo er dorthin kam, bietet Anlass für viele Spekulationen. Bei manchen Varianten gehen sie auf wild- und in selbstgegrabenen Höhlen lebende Zwerghunde zurück, andere vermuten ihren Ursprung in Asien, Ägypten oder Malta. Und ganz eindeutig ins Reich der Fabel zu verweisen sind die Annahmen über Kreuzungen mit Eichhörnchen und Präriehunden.

DER CHIHUAHUA IN MEXIKO

Eine gern weitergegebene Ursprungsgeschichte sieht im Chihuahua den Nachfahren des „Techichi", des heiligen Hundes der kriegerischen Tolteken (9. bis 13. Jahrhundert), die große Teile Zentralmexikos beherrschten. Unterworfen wurden sie von den Azteken, bei denen der Besitz kleiner Hunde mit rundem Kopf und großen Augen überwiegend den höheren Klassen vorbehalten gewesen sein soll.
Hunde waren für die Azteken viel mehr als Nutztiere, denn sie hatten für sie eine große

Minimalismus in seiner besten Form: Ein Chihuahua hat alles, was ein richtiger Hund braucht.

Der Chihuahua ist eine alte Rasse aus Mexiko, seine Geschichte reicht viele Jahrhunderte zurück.

religiöse und symbolische Bedeutung: Unter dem Haus bestattete Hunde galten als Beschützer des Anwesens. Und mit ihrem Herrn beerdigte Hunde sollen ihn in ein neues Leben geführt haben. Diesen Dienst erwiesen sie jedoch nur dem, der sie zu Lebzeiten gut behandelt hatte. Und so trugen die Hunde wertvolle Halsbänder und sollen von eigenen Sklaven betreut worden sein, damit es ihnen an nichts mangelte. Bewiesen ist nur wenig, und aus dem Mix aus Legenden, mündlichen Überlieferungen und wenigen Aufzeichnungen kann sich jeder seine bevorzugte Geschichte stricken. Fakt ist, dass der Chihuahua bzw. seine Vorgänger schon vor dem Eintreffen der Spanier in Mexiko Anfang des 16. Jahrhunderts gelebt haben, vermutlich rituell geopfert und sogar gegessen wurden. Erbgutvergleiche mit archäologischen Funden aus der Zeit vor Kolumbus belegen, dass insbesondere der Chihuahua sein genetisches Erbe seit langer Zeit erhalten hat (siehe S. 5). Daraus wird geschlossen, dass die „ur“amerikanischen Hunde ein Rest der ursprünglichen amerikanischen Kultur sind.

Im Februar 2014 meldete das Mexikanische Nationale Institut für Anthropologie und Geschichte den Fund einer Grabstätte unter einem Gebäude in Mexiko-Stadt: Dort fanden Archäologen zwölf Hundegräber, die auf die Zeit zwischen 1350 und 1520 datiert wurden, die Hochzeit der Azteken. Durch Zahnvergleiche konnten zwei Rassen identifiziert werden: der Techichi als Vorfahr des Chihuahuas und der Xoloitzcuintle, der mexikanische Nackthund. Und noch heute leben Chihuahuas in Mexikos gleichnamiger Region, werden dort gezüchtet oder leben als Streuner und ziehen Touristen an, die die kleinsten Hunde dort erleben wollen.

DER CHIHUAHUA IN AMERIKA

Bereits in der zweiten Hälfte des 19. Jahrhunderts führte der wirtschaftliche Aufschwung im Norden Mexikos zunehmend Touristen ins Land, viele aus den benachbarten USA. Diese berichteten dann immer wieder von winzigen Hunden mit großen, abstehenden Ohren und Schädelöffnung (siehe S. 78). Es dauerte nicht lange, und die kleinen Vierbeiner wurden beliebte Souvenirs, die ihren Umzug aber meist nicht lange überlebten.
Mehr Aufmerksamkeit sollte dem Chihuahua zuteil werden, als der amerikanische Kynologe James Watson 1888 in El Paso einen Mexikaner mit einem kleinen Hund sah. Für drei Dollar kaufte er das Hündchen mit dem „biberähnlichen" Fell. Lange lebte es jedoch nicht in seiner Obhut. Es brauchte noch einige Anläufe, bis dieses Glück anderen bei ihm lebenden Chihuahuas vergönnt war. Unter der Bezeichnung „Chihuahua-Terrier" wurden 1904 vier Hunde in das Zuchtbuch des Amerikanischen Kennelclubs eingetragen. Die Gründung des Chihuahua-Clubs von Amerika 1923 brachte der Rasse einen großen Popularitätsschub.
1911 beschreibt der Engländer Robert Leighton in seinem „Neuen Buch des Hundes" die in England kaum bekannte Rasse aus Mexiko: Sie sei so klein, dass ausgewachsene

FCI

Fédération Cynologique Internationale Das ist die Weltorganisation der Kynologie (www.fci.be). Ihr gehören rund 100 Verbände von Mitglieds- und Partnerländern an, zumeist nationale Dachverbände von Rassezuchtvereinen, wie der Verband für das Deutsche Hundewesen (VDH), der Österreichische Kynologenverband (ÖKV) und die Schweizerische Kynologische Gesellschaft (SKG). Die FCI erstellt zum Beispiel in Zusammenarbeit mit den Ursprungsländern der Rasse die Standards, führt internationale Hundeausstellungen durch und schützt die Zwingernamen der Züchter. Der Chihuahua wird in der FCI-Gruppe 9 (Gesellschafts- und Begleithunde) geführt.

Langhaar-Chihuahuas entstanden durch Einkreuzung anderer Rassen wie Papillon oder Zwergspitz.

Hunde mit allen vier Pfoten auf der Hand eines Menschen stehen könnten und manche nicht einmal 650 g auf die Waage bringen würden. Vereinzelt kamen die ersten Hunde bereits ab 1860 in das Land. Im Jahr 1952 wurde der Britische Chihuahua-Club gegründet.

In der Schweiz erfolgte die erste Notierung in das Zuchtbuch schon 1912, dann aber mit einer Pause bis 1953. Die ersten Eintragungen in Deutschland gab es 1956. In der Welpenstatistik des Verbandes für das Deutsche Hundewesen werden seit 2005 jährlich etwa 900 Welpen aufgeführt.

LANG- UND KURZHAAR

Chihuahuas gibt es in zwei Haarlängen. Die Haarvarietäten unterscheiden sich nicht nur äußerlich, zwischen Kurz- und Langhaar-Chihuahuas stellt man mitunter kleine Unterschiede im Wesen und im Charakter fest. Der langhaarige Chihuahua hat oft ein etwas sanfteres Wesen und ist der Verträglichere von beiden Varietäten. Der Kurzhaar hat zuweilen einen größeren Dickkopf und versucht, diesen auch überall durchzusetzen. Wenn man Kurz- und Langhaar-Chihuahuas zusammen hält, wird man feststellen, dass fast immer der Kurzhaarige das Kommando führt. Ein langhaariger Chihuahua ist meist nachgiebiger und lässt den kurzhaarigen gewähren.

Der ursprüngliche Chihuahua ist nach gängiger Expertenmeinung der kurzhaarige. Er hat gleichmäßig dichtes, kurzes Fell, nur im Nacken und an der Rute kann es auch etwas länger sein.

Die Einkreuzung anderer Rassen brachte dann die lange Haarpracht, besonders auffällig ist das an Brust, Ohren, Rückseiten der Läufe (Hosen) und Rute (Fahne). Lediglich am Fang, am Kopf und an den Vorderseiten der Läufe ist es kurz. Dazu beigetragen haben etwa Papillons und Zwergspitze, mit denen die Minihunde zum Beispiel in England und Deutschland häufiger gekreuzt wurden. Im englischen Club wurden beide Haararten dann ab 1965 getrennt gezüchtet, ab 1976 auch bei uns.

Erst 1984 erlaubte die FCI (siehe Kasten S. 7) wieder die Verpaarung von beiden Varietäten. Auch heute noch kann man hin und wieder bei langhaarigen Chihuahuas sehen, wo irgendwann mal ein Spitz bzw. ein Papillon mitgemischt hat. Trotzdem profitiert der Chihuahua davon, dass Lang- und Kurzhaar miteinander verpaart werden dürfen, besonders der Langhaarige hat dann in der Regel längeres, dichteres und kräftigeres Fell. Die kurzhaarigen Chihuahuas haben oft ein dichteres Fell, wenn in ihrer Ahnenreihe hin und wieder ein langhaariger Artgenosse eingekreuzt wurde.

Der Kurzhaar gilt als die Ursprungsform.

Lang- und kurzhaariger Chihuahua.

Bei den langhaarigen Chihuahuas haben die Rüden meist ein längeres Fell und häufig auch eine ausgeprägtere Halskrause als die Hündinnen.

DIE FARBEN

— der Chihuahuas

Chihuahuas gibt es in vielen verschiedenen Farben und Zeichnungen. Laut Rassestandard sind alle Farben in allen möglichen Schattierungen und Kombinationen (außer merle) zulässig. Je nach Farbe können auch der Nasenschwamm, die Lefzen oder die Krallen aufgehellt sein. Das Pigment wird als „gut" bezeichnet, wenn sowohl Augen, Augenlider, Lefzen und Nase dunkel sind.

EINFARBIG

Dazu gehören alle Chihuahuas, die eine einheitliche Farbe haben, die lediglich an manchen Körperstellen aufgehellt sein kann. Von Weiß zu Grau bis hin zu Schwarz, über Blond, Rot oder Braun kann jede Farbe in verschiedenen Nuancen vertreten sein, die Palette ist riesengroß. Bei den aufgehellten Farben Schoko und Blau ist kein schwarzes Pigment möglich. Daher sind auch die Nasen bei den braunen Hunden leberfarben und bei den blauen Hunden blaugrau (Anthrazit).

TAN-FARBEN

Diese Zeichnungen bestehen aus einer Grundfarbe und den typischen, meist lohfarbenen (tan) Abzeichen an Brust, Pfoten, Rutenunterseite, Laufinnenseite sowie an Wangen und Augenbrauen, ähnlich wie beim Dobermann oder beim Rottweiler. So gibt es zum Beispiel black and tan (Grundfarbe Schwarz) oder chocolate and tan (Grundfarbe Braun).

TRICOLOR

So werden tan-farbene Chihuahuas mit zusätzlichen weißen Abzeichen bezeichnet, es gibt beispielsweise schwarz-tricolor (siehe Foto S. 11 oben rechts), schoko-tricolor oder blau-tricolor.

SCHECKUNG

Diese Zeichnungen gibt es zum Beispiel in Rot-weiß, Weiß-schwarz oder Schoko-weiß. Zuerst wird die dominierende Grundfarbe genannt, dann die Farbe der Scheckung.

STROMUNG

Die gestromte Farbe ist eher selten. In der Bezeichnung wird zuerst die Grundfarbe aufgeführt, dann die Farbe der Stromung (Streifen). Es gibt diverse Stromungen, die sowohl in Schwarz oder Rot, als auch in den Brauntönen von Creme bis Braun sowie den Aufhellungsfarben Schoko und Blau vorkommen können. Die Stromung kann sehr gering oder sehr stark ausgeprägt sein. Gestromte kurzhaarige Chihuahuas sind meist auffälliger gestromt, bei den langhaarigen verliert sich die Stromung oft im längeren Haarkleid.

MELIERT

Diese Farbe wird auch wildfarben, sable oder fawn bezeichnet und beschreibt Fell verschiedener Grundfarben mit schwarzen Haarspitzen. Die Welpen sind oftmals fast schwarz, hellen jedoch nach und nach immer mehr auf. Als erwachsene Hunde haben sie nur wenig, über dem Rücken verteiltes, schwarzes Haar, das man oft nur sieht, wenn man ganz genau hinschaut.

Einfarbig

Tan-Farben

Tricolor

Scheckung

Stromung

Meliert

WAS IST „MERLE"?

Der sogenannte „Merle-Faktor" beschreibt einen Gendefekt, der bestimmte Farbpigmente aufhellt. Diese Farben gibt es bei verschiedenen Rassen. Die Nachkommen zweier merle-farbener Hunde können schwere Erkrankungen haben, wie Taubheit oder Missbildungen der Augen. Oft sterben die Welpen auch schon im Mutterleib. In den FCI-Rassezuchtvereinen ist aus diesem Grund die Verpaarung von zwei Merle-Hunden verboten – beim Chihuahua ist sogar die Merle-Farbe (auch „Tiger"-Farbe genannt) nicht erlaubt und somit nicht FCI-standardgerecht.

DER CHIHUAHUA ALS FAMILIENHUND

Zum Glück wird die Freude mit einem Hund weder in Kilogramm noch in Zentimeter gemessen, sondern in der Anzahl der liebevollen, vertrauten, lustigen, ausgelassenen, aktiven, tröstenden, kuscheligen, stolzen und einfach ein Lächeln ins Gesicht zaubernden Momente.

Genau da hat die kleine Portion Hund seinen Menschen eine ganze Menge zu bieten. Denn seit Jahrhunderten war es der Job des Chihuahuas, seinen Zweibeinern ein guter Gesellschafter zu sein. Und diese Aufgabe füllt er mit Bravour aus, unermüdlich und vielseitig.

EMPFINDSAM UND ANHÄNGLICH

Chihuahuas sind überaus anhänglich und treu und lassen ihren Menschen nur selten aus den Augen. Auf ihre Bezugspersonen sind sie regelrecht fixiert, folgen ihnen, wenn möglich, auf Schritt und Tritt, ob beim Spaziergang oder in der Wohnung, und sie möchten auch bei Unternehmungen am liebsten immer dabei sein. So sind sie trotz ihrer geringen Größe stets präsent. Mit einem Chihuahua fühlen Sie sich niemals allein. Das macht die Vierbeiner aus Mexiko genau zu den richtigen Gefährten für Menschen, die sich eine enge Beziehung zu ihrem Hund wünschen und seine ständige Nähe zu schätzen wissen.

Schmusen gefällt einem Chihuahua immer.

Gemeinsam kuscheln oder aktiv sein, die kleinen Freunde machen alles mit. Sie genießen die gemütliche Zweisamkeit auf dem Sofa und lieben es, am ganzen Körper gekrault und gestreichelt zu werden. Da können sie sich dann richtig in Positur stellen oder legen und der Streichelhand auffordernd ihre Lieblingskraulstelle entgegenstrecken. Das darf dann gern auch etwas länger dauern. Steht gerade kein Mensch zum Kuscheln zur Verfügung, nehmen die kleinen Sonnenanbeter mit einem sonnigen Plätzchen vorlieb, notfalls tut es auch ein kuscheliges Bettchen am warmen Ofen. Hauptsache gemütlich. Chihuahuas sind eben ganz große Genießer. Lärm und Trubel behagen ihnen nicht sehr. Wird es ihnen zu turbulent, verziehen sie sich meist und suchen sich eine ruhige Ecke, wo sie ausspannen können. Und wenn Besuch eintritt, reagieren die kleinen Hunde sehr individuell: Manche sind sehr offen und buhlen fast aufdringlich um Aufmerksamkeit, einige sind sehr territorial und wollen zeigen, wer im Haus das Sagen hat, andere beobachten das Geschehen lieber aus der Entfernung. Es ist eben alles eine Sache der Persönlichkeit – und der Erziehung.

PFIFFIG UND LUSTIG

Neugier wird bei den vorwitzigen Chihuahuas großgeschrieben, alles ist für sie interessant und muss untersucht werden. Und so stecken sie ihre Nase gern in alles hinein, was spannend erscheint – und wenn es ihnen nicht ganz geheuer ist, mit ganz langem Hals und Sicherheitsabstand. Doch letztlich siegt meist die Neugier. So sind die Kleinen gute Beobachter, haben eine schnelle Auffassungsgabe und lernen leicht. Das hilft bei der Erziehung und im Alltag. Wenn die Rahmenbedingungen stimmen, passen sich die Quirle schnell an, fügen sich ein, lassen sich gut lenken und wollen alles richtig machen. Sie wissen genau, was ihre Bezugspersonen von ihnen wünschen. Doch diese Cleverness und diese Sensibilität machen es ihnen auch leicht, ihre Menschen um die winzigen Pfoten zu wickeln und ganz charmant das zu bekommen, was sie wollen. Geht es nicht nach ihrem Kopf, können sie auch einmal schmollen und die beleidigte Leberwurst spielen. Lange hält das aber meist nicht an und der kleine Fratz zeigt wieder seine lustige Seite. Denn Chihuahuas sind Hunde mit Schmunzel-Garantie, ihre Fröhlichkeit ist ansteckend. Wie kleine Clowns schaffen sie es immer wieder, ihre Menschen zum Lachen zu bringen. Wenn sie keine Beachtung bekommen, versuchen sie mit allen Tricks, Frauchen oder Herrchen herauszufordern und für ein Spiel zu begeistern. Das ist die beste Therapie gegen Stress, denn allein schon der forsche Blick geht tief ins Herz, rührt die Seele und juckt die Lachmuskeln. Und wer sieht, wie so ein kleiner Vierbeiner unter Aufbietung aller Kräfte einen für ihn eigentlich viel zu großen Kauknochen stolz erhobenen Hauptes ins Körbchen schleppt oder sich mit einem überdimensionierten Spielzeug anlegt, kann gar nicht anders, als laut loszulachen und sich von der guten Laune mitreißen zu lassen.

Typisch: Eingeschlafen in Frauchens Arm.

Der Blick: Berührend, eindringlich und fordernd.

Energie ohne Ende: Chihuahuas sind kleine Powerpakete.

QUIRLIG UND AKTIV

Ein Chihuahua ist trotz seiner geringen Größe ein sehr lebendiger und flinker Hund, der wie ein Quirl über die Wiese rennt, über Stock und Stein springt und mit Artgenossen rauft. Die Zwerge spielen gern und toben sogar im Schnee. Zimperlich sind sie dabei nicht. Doch wenn sie nicht in Bewegung bleiben, frieren sie bei Kälte oder Nässe leicht (siehe S. 39), weil sie im Verhältnis zu einem großen Hund relativ gesehen viel mehr Körperoberfläche haben und dadurch auch leichter auskühlen.

Keine Angst vor dem großen Hund: Wer ist hier der Chef?

TAPFER UND BELLFREUDIG

Wer erstmals mit einem Chihuahua lebt, wird von dessen Mut überrascht, denn in der winzigen Brust schlummert ein riesengroßes Löwenherz. Und Einbrecher sollten gewappnet sein: Die kleinen Hunde sind gute Wächter, sehr bellfreudig und schlagen bei verdächtigen Geräuschen sofort Alarm. Im Alltag gilt es, dieses Mitteilungsbedürfnis so zu lenken, dass sich Nachbarn nicht gestört fühlen.

Friedliches Miteinander: Geht auch, muss aber geübt werden.

GESELLIG BIS EIGEN

Es ist immer wieder schön, mehrere Chihuahuas im Spiel zu beobachten. Sie jagen sich, raufen miteinander, flitzen um die Wette und versuchen, die Spielzeuge der anderen zu ergattern.

Für so einen kleinen Vierbeiner ist es natürlich das Größte, mit einem Artgenossen seiner Gewichtsklasse zu spielen, denn dabei ist das Kräfteverhältnis ausgewogen und es kann ausgelassen getobt werden. Es gibt auch große Hunde, die sich im Spiel mit einem Chihuahua sehr zurücknehmen und sich sogar für den Kleinen auf den Boden legen – die Regel

Anschleichen geht nicht: Die beiden passen auf. Wer sich nähert, wird zuverlässig und laut gemeldet.

ist das jedoch nicht, wenn 30 Kilogramm Hund auf 2 Kilogramm Hund treffen. Körperlich ist der Zwerg immer unterlegen. Und bei aller Vorsicht kann es bei einem wilden Spiel mit ungleichen Kräften zu einem Unfall kommen. Trotzdem sollte man versuchen, einem Chihuahua auch die Gesellschaft anderer Hunde zu bieten – immer unter Aufsicht und der Möglichkeit, schnell eingreifen zu können. Denn wenn so ein kleines Wesen über die Wiese flitzt, kann das bei Artgenossen Jagdverhalten auslösen und der Chihuahua zur Beute werden. Mental kann ein Chihuahua es mit vielen anderen Hunden aufnehmen. Leben mehrere Hunde unterschiedlicher Größe mit einem Chihuahua in einem Haushalt, ist es nicht selten der Winzling, der das Kommando führt. Doch leider neigen manche Chihuahuas zum Größenwahn – zumindest nehmen sie ihre eigene Größe nicht wahr. Dann verbellen sie andere Hunde und stellen sich ihnen furchtlos in den Weg. Gehört das Gegenüber nicht zu den gelassenen Typen, kann das dem kleinen Stänkerer zum Verhängnis werden. „Hundekontakt“ ist deswegen ein besonders wichtiger Punkt im Rahmen der Erziehung. Am besten wird das mit Hilfe eines wirklich kompetenten Trainers und entspannten vierbeinigen Assistenten geübt.

Ob ein Leben auf dem Land oder in der Stadt, Chihuahuas können sich an viele Lebensentwürfe anpassen.

KLEINER ALLROUNDER

Ein Chihuahua ist für jede noch so kleine Wohnung geeignet und trotzdem ein richtiger Hund. Er hat Bedürfnisse, und dazu gehört es nicht, verhätschelt oder mit einem modischen Accessoire verwechselt zu werden. Er will und braucht seine täglichen Spaziergänge und ist ein robuster kleiner Kerl, der die ganze Familie in seinen Bann ziehen kann. Und das für hoffentlich 12 bis 13 Jahre, denn das ist seine durchschnittliche Lebenserwartung. Viele Chihuahuas werden sogar noch älter. Er wird also lange Jahre – wenn Sie es zulassen – Ihr bester Freund auf vier Pfoten sein. Doch zu wem passt ein Chihuahua?

FÜR ALLE LEBENSENTWÜRFE

Chihuahuas sind sehr anpassungsfähig. Was für sie zählt, ist ihr Mensch. Wenn er dabei ist, passt auch das Umfeld – solange die Grundbedürfnisse erfüllt sind. Ob Single, Paar oder Familie, auf dem Land oder in der Stadt, Chihuahuas sind für fast jeden Menschen und jeden Lebensentwurf die richtigen Hundepartner. Sie machen alles mit, gehen gern spazieren und sind sportlich. Eben ganz normale Hunde, nur kleiner. Sie sind auch gute Begleiter für reisefreudige Menschen, da man sie bequem mitnehmen kann, sogar im Flugzeug.

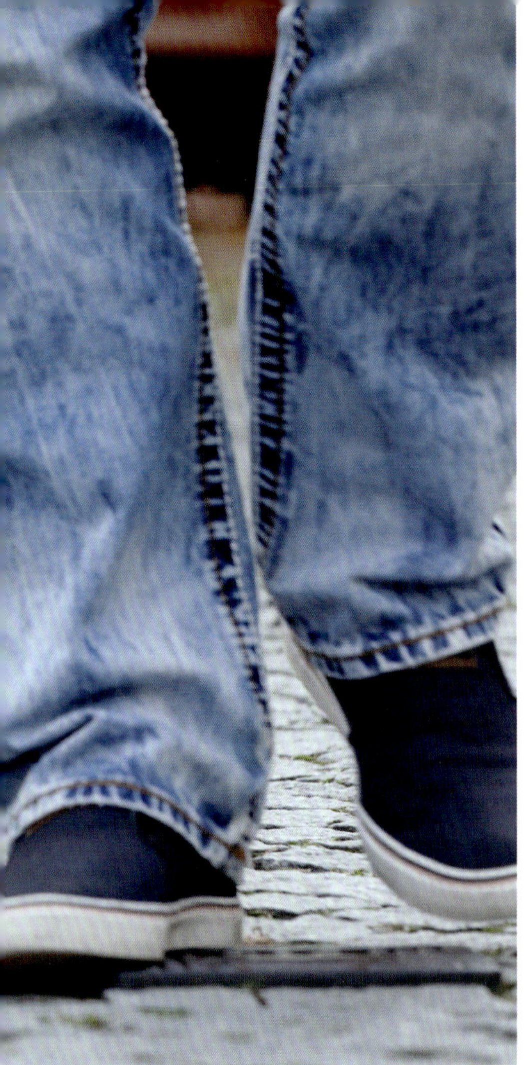

KLEINER KOLLEGE

Die kleinen Hunde sind einfach praktisch, das beweisen sie auch oft, wenn sie Herrchen und Frauchen zur Arbeit begleiten, ob ins Büro oder in den Laden. Mit der richtigen Erziehung ist das kein Problem – wenn der Chef das erlaubt und die Kollegen einverstanden sind. Ein von mir gezüchteter Chihuahua hat einen Job als Beifahrer im LKW. Täglich ist er mit seinem Herrchen unterwegs, hat seinen eigenen Sitz und ist entsprechend angegurtet. Dort thront er wie der König der Landstraße, hat alles im Blick und genießt es, immer dabei sein zu dürfen. Natürlich macht Herrchen genug Pausen, damit die Bewegung nicht zu kurz kommt. Sofern sie sonst ein richtiges Hundeleben führen dürfen, begleiten Chihuahuas ihre Menschen auch gern zu Shoppingtouren, Restaurantbesuchen oder anderen Events. Dabei sollte jedoch immer Rücksicht auf die Bedürfnisse des Vierbeiners genommen werden – die Welt nur aus der Tragetasche zu erleben, gehört nicht dazu.

FÜR SENIOREN

Natürlich sind Chihuahuas auch für ältere Menschen bestens geeignet: Sie sind Gesprächspartner und Gesellschafter, geben Zuwendung, genießen Schmusestunden und Streicheleinheiten und strukturieren durch regelmäßige Spaziergänge und Fütterung den Alltag. Sie vermitteln ihren Menschen das Gefühl, gebraucht zu werden. Und ein großes Plus: Senioren können ihr Bewegungsbedürfnis leicht erfüllen und sind auch wegen des geringen Gewichts nicht überfordert, etwa wenn der Hund an der Leine zieht. Ebenso können Menschen mit Handicap, zum Beispiel Rollstuhlfahrer, ihre Freude an einem Chihuahua haben.

Die Zwerge sind prima Begleiter beim Einkaufsbummel.

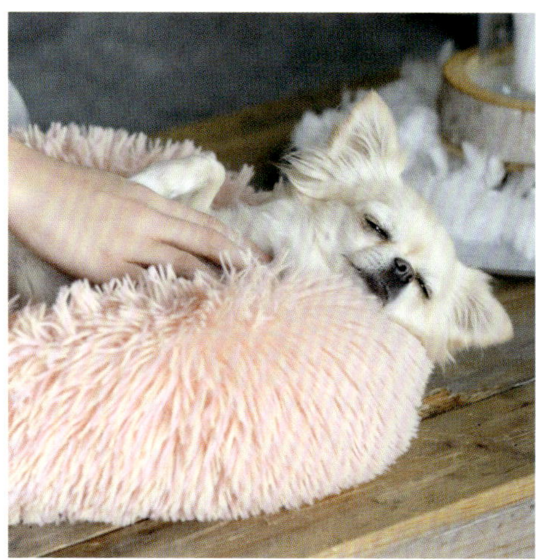

Ganz wichtig: Zeit zum Chillen muss sein.

Das muss klar sein: Hunde sind keine Spielzeuge.

MIT KINDERN

Verständige und schon etwas reifere Kinder, die begreifen und umsetzen können, dass der kleine Hund kein Spielzeug ist, werden viel Freude mit einem Chihuahua haben. Ab welchem Alter das der Fall ist, hängt immer von der Entwicklung des Kindes ab.
Für das Zusammenleben mit kleinen Kindern ist er jedoch nicht unbedingt geeignet. Es ist verständlich, dass Eltern immer das Beste für ihr Kind wünschen und auch beim Haustier auf Nummer Sicher gehen wollen. Schnell kommt da der Gedanke auf, dass ein kleiner Hund das geringste Risikopotenzial im Zusammenleben für das Kind birgt. Doch gerade bei den Zwerghunderassen muss auch darauf geachtet werden, dass der Vierbeiner geschützt ist. Der zarte, kleine Hund kann leicht durch eine unbedachte Bewegung verletzt werden: Ein Sprung vom Arm oder ein Schubs können schlimm ausgehen. Und bei grober Behandlung wird der Hund versuchen, sich dem Kind zu entziehen. Hat er dann keine Rückzugsmöglichkeit, weiß er sich vielleicht nur noch durch Einsatz seiner Zähne zu erwehren. Dies ist ein ganz normales Verhalten eines Hundes, der sich in die Enge getrieben fühlt, kann in der Familie jedoch zu großen Problemen führen. Kinder müssen lernen, mit so einem kleinen Hund umzugehen. Doch wenn sie noch sehr klein sind, können sie das meist noch nicht.
Größere Kinder mag ein Chihuahua meistens sehr. Sie können schon mehr mit dem Hund unternehmen, mit ihm spielen, Spielzeuge für ihn basteln und auch zusammen kleine Tricks einüben. Doch natürlich müssen auch sie auf einen Chihuahua vorbereitet werden.
Die Eltern übernehmen immer die Verantwortung und Pflege des Hundes und leben dem Kind den richtigen Umgang mit dem kleinen Geschöpf vor. Sie geben Regeln vor, zum Beispiel, dass der Hund beim Schlafen, Fressen und Kauen nicht gestört werden darf, er nicht wie ein Plüschtier herumgetragen und mit Vorsicht und Respekt behandelt wird. Mit der richtigen Erziehung für beide Seiten können Chihuahuas die besten Kameraden für Kinder sein.

EIN RICHTIGER HUND

Bei der Haltung eines Chihuahuas sollte ein Aspekt immer ganz oben stehen: Die Zwerge sind richtige Hunde. Und genau so wollen und so sollen sie auch behandelt werden.

Wenn es richtig läuft, profitieren beide sehr von der Beziehung: Kind und Hund.

WILLKOMMEN DAHEIM

— *Auswahl und Eingewöhnung*

WAS IST IHNEN WICHTIG?

Der Chihuahua ist vielseitig, clever und anpassungsfähig, sodass er sich schnell einleben wird, wenn er das bekommt, was er braucht: Liebe und Fürsorge, Orientierung und Anleitung, Bewegung und Beschäftigung. Wer ihm das bietet, hat einen Partner fürs Leben.

Von einer guten Mensch-Hund-Beziehung profitieren alle. Sie dauert ein Hundeleben lang und fängt damit an, den Hundepartner auszuwählen, der zum jeweiligen Menschen und seinen Lebensumständen passt: Mensch und Hund sollen sich miteinander und in ihrem Lebensumfeld wohlfühlen können. Bei der Auswahl des vierbeinigen Gefährten ist viel zu beachten: Die Rasse gibt äußerliche Merkmale vor und beeinflusst Charakter und Verhalten. Dazu kommen individuelle Eigenschaften, die durch viele Faktoren bestimmt werden, nicht zuletzt durch das Aufwachsen beim Züchter, das Leben im neuen Heim und die Beziehung zum Menschen.

PASST EIN CHIHUAHUA ZU MIR?

Ist ein Chihuahua der richtige Hund für Sie? Können Sie ihm das bieten, was er braucht? Neben all den Informationen, die Sie in Büchern und im Internet finden, ist es wichtig, die Hunde und ihre Menschen live zu erleben. Besuchen Sie Ausstellungen oder Vereinstreffen, die Züchter und Halter dort werden Ihnen sicher gern Auskunft geben. Sie begegnen in der Stadt oder beim Spaziergang einem Passanten mit Chihuahua? Nicht schüchtern sein, sondern nachfragen. Fast jeder Hundehalter erzählt liebend gern von seinem Vierbeiner.

Passen wir zusammen? Nehmen Sie sich Zeit für die Auswahl des Hundes, überstürzen Sie nichts.

Fast alle Kinder wollen einen Hund. Ist Ihr Kind wirklich reif genug für einen Chihuahua?

SIND SIE BEREIT?

Chihuahuas sind attraktive Hunde und ihre Welpen fast unwiderstehlich. Dennoch: Kaufen Sie nicht spontan aus einer Laune heraus oder weil es für die Kinder so pädagogisch wertvoll ist, mit einem Hund aufzuwachsen, sondern nur mit sorgfältiger Überlegung und Gewissheit.

Kleine Hunde sind echte Hunde Kleine Hunde verleiten zu dem Trugschluss, dass sie besonders leicht zu halten sind, doch die Verantwortung und Pflichten sind nicht geringer als bei einem großen – vom Tag des Einzugs bis zum letzten Atemzug des Tieres. Die meisten Chihuahuas werden weit über 10 Jahre alt. Sind Sie bereit, sich so lange zu binden?

Wohnsituation Haus und Garten sind keine Grundvoraussetzung zur Chihuahua-Haltung. Spazieren gehen müssen Sie sowieso. Auch wenn Sie in einer oberen Etage wohnen, können Sie das Leichtgewicht einfach tragen. Wohnen Sie zur Miete oder in einer Eigentumswohnung, müssen Sie jedoch vorab klären, ob Hundehaltung erlaubt ist, und sollten sich das schriftlich bestätigen lassen.

Kinder Sind die Kinder verständig genug, behutsam mit dem zarten Wesen umzugehen?

Allergien Gibt es Allergiker im Haus, die eventuell Probleme mit einem Hund haben können? Dies sollte vorher geklärt werden.

Familienrat Ist die Familie einstimmig für den Einzug des kleinen Hundes? Wenn nicht, kann das für alle Beteiligten nervenaufreibend sein.

Kosten bedacht? Die Futterkosten sind beim Chihuahua überschaubar. Dazu kommen regelmäßig Hundesteuer, Versicherung, tierärztliche Vorsorge. Unerwartetes kann teuer werden: Eine aufwendige tierärztliche

Behandlung mehrere Hundert oder Tausend Euro. Es kann sinnvoll sein, monatlich etwas Geld dafür zurückzulegen und ggf. eine Krankenversicherung für den Hund abzuschließen.

Haben Sie genügend Zeit? Ein Chihuahua braucht die menschliche Nähe und sollte nur selten und dann nur für kurze Zeit alleine sein, auf keinen Fall den ganzen Tag. Für die Spaziergänge, Beschäftigung und Pflege muss Zeit eingeplant werden. Ist der Hund einmal krank, braucht er vielleicht Betreuung rund um die Uhr. Und einen jungen Hund zu erziehen, kann Sie sehr beanspruchen, auch außerhalb der Hundeschule. Wollen und können Sie das alles leisten?

Betreuung Nehmen Sie Ihren Hund mit in den Urlaub oder auf Geschäftsreise? Kann er Sie zu Ihrer Arbeitsstelle begleiten? Wer kümmert sich um ihn, wenn Sie krank sind? Kann das niemand aus der Familie, müssen Sie sich anderweitig nach einer zuverlässigen Hundebetreuung umschauen. Auch einige Züchter nehmen die von ihnen abgegebenen Hunde in Pension.

Im Mittelpunkt stehen Unauffällig mit einem Chihuahua spazieren zu gehen oder einen Stadtbummel zu machen, ist kaum möglich. Gerade wegen seiner geringen Größe fällt er auf. Passanten werden sich nach Ihnen umdrehen oder miteinander tuscheln und manche Sie auch ansprechen. Meist sind diese Gespräche sehr nett, die Leute sind interessiert und wollen einfach mehr über den hübschen kleinen Hund erfahren. Doch es gibt auch Passanten, die sie mit einem Chihuahua belächeln oder abfällige Kommentare geben.
Behagt Ihnen diese Aufmerksamkeit und können Sie damit umgehen? Ist es Ihnen vielleicht sogar ein Anliegen, den Chihuahua ins rechte Licht zu rücken und dabei zu helfen, Vorurteile abzubauen?

WELCHER CHIHUAHUA SOLL ES SEIN?

Nun wissen Sie, dass Sie Ihr Leben gern mit einem Chihuahua teilen möchten. Doch was für einer soll es sein? Und wo gibt es Unterschiede?

GESCHLECHT

Manche Halter empfinden den bei der Läufigkeit (siehe S. 70) der Hündin auftretenden blutigen Ausfluss als unangenehm. Rüden heben zum Urinieren ein Hinterbein (siehe S. 72) und interessieren sich oft sehr für das andere Geschlecht. Gibt es viele Hündinnen in der Nachbarschaft oder sogar eine Hündin im Haushalt, kann das mitunter für einen Rüden anstrengend werden, denn manche fressen nicht mehr, heulen oder versuchen auszubüxen, wenn sie den Duft einer läufigen Hündin in der Nase haben.

Nehmen Sie sich Zeit für Ihren Chihuahua.

EIN WELPE

Ein Welpe soll es sein – so der Wunsch der meisten zukünftigen Chihuahua-Halter. Die Kleinen sind zum Verlieben und schmuggeln sich mit ihren großen Augen schnell in das Herz jedes Hundefreundes. Zu begleiten, wie Ihr Welpe sich entwickelt und zu einem stolzen, erwachsenen Vierbeiner heranwächst, ist ein wunderbares Erlebnis. Ein Hundekind auf den richtigen Weg zu führen, bedarf aber auch Engagement und Geduld. Und trotz aller Glücksmomente kann es anstrengend werden, das wird oft unterschätzt. Wenn Sie sich nicht blauäugig auf das Abenteuer Chihuahua-Welpe einlassen, sondern durchaus auch konsequent sein können und sich von dem kleinen Kerlchen nicht einwickeln lassen, ihn erziehen und ihm einen Rahmen geben, wird er Ihr folgsamer, treuer und fröhlicher Begleiter für viele Jahre und eine Bereicherung für Ihre Familie sein.

So süß. Ein Welpe erobert sofort Ihr Herz.

EIN ERWACHSENER CHIHUAHUA

Darf es auch etwas älter sein? Warum nicht, denn ein erwachsener Chihuahua hat Vorteile: Sein Charakter ist gefestigt und er hat keine Jugendflausen mehr im Kopf. Und sogar betagte Hunde können sich noch gut umgewöhnen.
Manche Züchter geben erwachsene Chihuahuas ab, die sie ursprünglich für die Zucht behalten wollten und die dann vielleicht zu klein geblieben sind, einen zuchtausschließenden Fehler haben (siehe S. 36) oder aus verschiedensten Gründen vom bisherigen Besitzer zurückgenommen wurden. Manchmal sucht ein Chihuahua über ein Tierheim eine neue Familie, und es gibt mehrere Organisationen, die sich auf die Vermittlung von in Not geratene Chihuahuas spezialisiert haben. Es lohnt sich auf alle Fälle, auch dort einmal nachzuschauen.
Viele Chihuahuas aus zweiter Hand sind unkomplizierte Hunde, die sich schnell in ihr neues Zuhause eingewöhnen. Andere haben bisher keine guten Erfahrungen mit Menschen gemacht oder noch gar nichts von der Welt kennengelernt. Sie sind vielleicht ängstlich oder scheu, manche wissen sich auch nur mit Aggression zu helfen. Werden diese Hunde fachkundig und behutsam an ihr neues Leben herangeführt, können sie wunderbare Gefährten werden. Dies zu leisten, gelingt am besten Hundehaltern mit Erfahrung und der Unterstützung eines guten Hundetrainers. Je mehr über die Vorgeschichte und das Verhalten eines Hundes bekannt ist, desto leichter findet sich der richtige Platz für ihn.

EIN HUND IST NICHT GENUG?

Chihuahuas können prima zu zweit oder in einer Gruppe gehalten werden. Mit einem Rudel im Haus ist es natürlich umso wichtiger, dass der Mensch klare Regeln für ein harmonisches Zusammenleben vorgibt. Hundebegegnungen mit einer Chihuahua-Truppe können anstrengend sein. Haben

Ein älterer Chihuahua kann viele Vorzüge haben. Auf jeden Fall hat er ein neues Zuhause verdient.

Sie ausreichend Platz, Zeit und Nerven für einen zweiten Hund, wird auch Ihr Chihuahua diesen Zuwachs freudig begrüßen – wenn nicht gleich am ersten Tag, so doch sicher etwas später.

Wenn Sie sich für einen zweiten Hund entscheiden, ist es am einfachsten, wenn beide ungefähr die gleiche Größe haben. Bei einem deutlichen Größenunterschied müssen Sie beim Spiel der Hunde gehörig aufpassen, dass der große den kleinen mit seinen Pfoten nicht verletzt. Beide werden sich meist gut vertragen, aber risikolos ist das nicht.

Möglich ist es trotzdem. Ich selbst hatte eine Deutsche Dogge namens Linda. Mit den Chihuahuas hat das sehr gut funktioniert. Wir mussten zwar beim Toben aufpassen, aber Linda hatte gelernt, Rücksicht auf die Kleinen zu nehmen. Im Winter war sie eine super „Heizdecke" für die Knirpse, und sogar die Welpen machten es sich zwischen ihren Beinen gemütlich und lagen da wie in einer Wärmekabine. Linda hat sich dann nicht bewegt und sich auch sonst fürsorglich um ihre kleinen Freunde gekümmert. Zärtlich hat sie ihnen die Augen und Ohren geleckt, danach war gleich der ganze Chihuahua-Kopf sauber und bei Welpen sogar der ganze Hund.

Kurzhaar-Collie Sam war ebenfalls lange Jahre unser treuer Begleiter. Beim Spaziergang konnten wir sicher sein, dass kein Chihuahua verloren ging, denn unser Sam hat auf alle aufgepasst und war sehr darauf bedacht, sie in einer Gruppe zusammenzuhalten. Sam wuchs in das Chihuahua-Rudel hinein und hat sich dort bestens integriert. Natürlich musste er von uns angeleitet werden, damit er den richtigen Umgang mit den kleinen Mitbewohnern lernte. Er war der beste Babysitter, den wir uns für unsere Chihuahua-Welpen vorstellen konnten.

EIN CHIHUAHUA VOM ZÜCHTER

Nun gilt es, einen guten Züchter Ihres Vertrauens zu finden. Es gibt mehrere Chihuahua-Rassezuchtvereine. Wenden Sie sich am besten an jene Züchter, die über ihre nationalen Dachverbände wie den VDH an die FCI (siehe Info S. 7) angeschlossen sind.

Sehen Sie beim Spaziergang oder Stadtbummel einen Chihuahua, der Ihnen gefällt? Sprechen Sie den dazugehörigen Menschen an und fragen Sie nach dem Züchter, auch Ihr Tierarzt kennt vielleicht empfehlenswerte Adressen. Gute Züchter vermitteln ihren Hundenachwuchs häufig über persönliche Empfehlungen zufriedener Welpenkäufer. Besuchen Sie mehrere Züchter, um vergleichen zu können. Einem seriösen Züchter sind Sie auch willkommen, wenn er zu diesem Zeitpunkt keine Welpen abzugeben hat. Haben Sie einen solchen gefunden, lohnt es sich, eine Zeit lang auf den Traumwelpen zu warten und, wenn nötig, auch längere Wege in Kauf zu nehmen.

DIE BASIS …

… muss stimmen! Sie wollen Ihr Rudel vergrößern? Dann warten Sie so lange, bis Ihr erster Hund eine solide Grunderziehung hat und sich im Alltag als zuverlässiger Begleiter zeigt. Dann läuft das Miteinander wesentlich entspannter und der Neuzugang schaut sich keinen Unfug ab.

ZÜCHTER MIT KOMPETENZ

Ein Züchter muss in vielen Fällen die Sachkunde nach § 11 des Tierschutzgesetzes nachweisen. Züchter, deren Rassehundezuchtverein einem nationalen Dachverband wie dem VDH angeschlossen ist, müssen Zuchtauflagen erfüllen. Die Zuchtstätte und jeder Wurf wird von einem Zuchtwart kontrolliert, die Hunde müssen gesund, geimpft, entwurmt und gekennzeichnet (Mikrochip) sein. Die Zuchttiere benötigen eine Zuchtzulassung, müssen mindestens 2 Kilogramm wiegen und werden auf Patellaluxation (siehe S. 77) untersucht. Eine Hündin darf nicht beliebig oft, sondern erst ab einem Alter von 15 oder 16 Monaten (je nach Verein) und maximal bis zur Vollendung des achten Lebensjahres Nachwuchs bekommen.
Ein guter Züchter engagiert sich für seine Hunde und züchtet nicht wegen des Geldes. Er muss für die passenden Räumlichkeiten und das Umfeld sorgen, sich viel Zeit für seine Hunde nehmen und sich intensiv mit ihnen beschäftigen, damit eine hundgerechte Haltung gesichert ist. Dazu gehören

viel Fachwissen und die Bereitschaft, sich weiterzubilden. Er hat hohe Ansprüche und versucht, den Welpen beste Startvoraussetzungen mit auf den Weg zu geben. Neben gesunden Eltern gehören dazu auch die kompetente und anspruchsvolle Begleitung und Ernährung der trächtigen und säugenden Hündin, die Aufsicht bei der Geburt mit den Kenntnissen, bei Komplikationen die richtige Entscheidung zu treffen, sowie die Versorgung der Welpen vom ersten Atemzug an.
So wundert es auch nicht, dass ein verantwortungsbewusst gezüchteter Chihuahua seinen Preis hat. Und der fängt bei etwa 1.200 EUR an.

NUR BEIM GUTEN ZÜCHTER KAUFEN

Einen guten Züchter dürfen Sie auch besuchen, wenn er gerade keine Welpen hat und Sie sich nur informieren wollen. Bei ihm und seiner Familie spüren Sie die Freude am Leben mit den Chihuahuas. Der Züchter erzählt mit Leidenschaft von seinen Hunden und kann Fragen kompetent beantworten. Ihm ist es das wichtigste Anliegen, gesunde, robuste Chihuahuas mit einem sicheren und freundlichen Wesen zu züchten.
Gern zeigt er Ihnen seine Vierbeiner. Lernen Sie auf jeden Fall die Mutter der Welpen kennen. Die Kleinen schauen sich viel von

Ein guter Züchter gibt viel Liebe und Zeit für seine Hunde und sorgt bestmöglich für den Nachwuchs.

Geliebt und beschützt. So wünscht sich ein guter Züchter die Zukunft der bei ihm geborenen Welpen.

ihr ab. Die Hündin darf ihre Kinder gerne vor Fremden beschützen, doch sie sollte nicht ängstlich oder ausgesprochen aggressiv wirken und sich zumindest im Umgang mit der Züchterfamilie sicher, offen und freundlich zeigen. Lebt auch der Vater beim Züchter? Dann machen Sie sich ebenfalls mit ihm bekannt. Wenn nicht, fragen Sie nach seinem Wesen und seinen Eigenschaften. Lassen Sie sich auch die anderen Hunde und deren Unterbringung zeigen. Selbstverständlich wohnen die Hunde mit in der Wohnung. Sie sind freundlich und offen und haben eine gute Beziehung zu den Menschen, die mit ihnen leben. Sie suchen Kontakt, Nähe und Zuwendung und werden gerne gestreichelt. Zwischendurch spielen und toben sie oder ziehen sich entspannt zu einem Schläfchen zurück. Dem Züchter ist wichtig, dass seine Welpen einen guten Platz finden, wo sie hundgerecht leben dürfen. Schließlich sind sie echte Wunschwelpen: Als guter Züchter hat er viel Zeit und Herz investiert, bei der Geburt gewacht und sie vom ersten Atemzug an begleitet. Deswegen wird er Ihnen auch Fragen zu Ihren Lebensumständen stellen und wie Sie sich das Leben mit Hund vorstellen, zum Beispiel, ob Sie eine Hundeschule besuchen möchten. Er berät Sie bei der Wahl des zu Ihnen passenden Welpen und bietet Ihnen an, sich bei Fragen jederzeit an ihn wenden zu können. Das Wohl seiner Hunde liegt ihm einfach am Herzen und er möchte, dass Sie und Ihr neuer Hausgenosse miteinander glücklich werden.

Kaufen Sie nur dort, wo Sie vom Züchter, der Hundehaltung und den Chihuahuas zu 100 Prozent überzeugt sind – und nicht aus Mitleid oder weil es billig ist.

☞ LEITFRAGEN ZUR ZÜCHTERWAHL

FRAGE	JA	NEIN	FRAGE	JA	NEIN
Ist der Züchter einem Verein angeschlossen, der seine Zucht, die Hunde und die Anlage kontrolliert? Gibt es Nachweise darüber?	✓		Stellt der Züchter Ihnen Fragen? Will er etwa wissen, wie Sie wohnen, wie viel Zeit Sie für Ihren Chihuahua haben werden, ob Sie Hundeerfahrung besitzen und mit dem Kleinen eine Hundeschule besuchen möchten?	✓	
Ist Ihnen der Züchter sympathisch und macht er einen fachkundigen Eindruck? Bietet er an, Ihnen später gerne Ansprechpartner bei allen Fragen rund um Ihren Chihuahua zu sein?	✓		Sind der Züchter und seine Familie Chihuahua-Fans aus Leidenschaft, erzählen gern von ihren Hunden und haben einen guten Draht zu ihnen?	✓	
Entspricht das Zuchtziel des Züchters Ihren Vorstellungen?	✓		Können Sie Papiere, Zuchtzulassung, Abnahmeprotokoll des Zuchtwartes und ggf. vorhandene Gesundheitsunterlagen einsehen?	✓	
Leben die Hunde in der Wohnung? Sind sie ihren Menschen innig zugetan, suchen den Kontakt und freuen sich über Streicheleinheiten?	✓		Können Sie die Unterbringung der Hunde sehen?	✓	
Ist alles sauber, hell und gepflegt, jedoch ohne steril zu wirken?	✓		Können Sie die Mutter der Welpen kennenlernen? Ist sie freundlich, offen und zutraulich?	✓	
Wirken alle Hunde gut ernährt, gesund und gepflegt?	✓		Sind die Welpen offen, freundlich und neugierig?	✓	
Können die Welpen sich viel an der frischen Luft aufhalten und im Garten toben? Haben sie ein Umfeld, das verschiedene Umweltreize bietet, alle Sinne anregt und die Motorik fördert?	✓		Gibt es weitere Hunde in der Familie und haben sie Kontakt zu den Welpen? „Ja" wäre ein Pluspunkt.		

Welpen wollen und müssen entdecken. Am besten zusammen und gerne in natürlichem Umfeld.

HIER NICHT KAUFEN!

Wer beim Hundekauf sparen will, gerät ganz schnell an einen unseriösen Hundevermehrer, der für seinen Profit möglichst viele Welpen produziert, die Hündinnen als „Zuchtmaschinen" missbraucht oder Welpen aus „Zuchtfabriken" aus dem Ausland zum Weiterverkauf einführt. Bei „günstig produzierten" Welpen wird weder auf die Gesundheit der Tiere noch auf eine gute Aufzucht geachtet. Viele dieser Hunde sind nicht ausreichend geimpft, krank und können hiesige Hunde mit schlimmen Krankheiten anstecken – so muss nicht selten ein Vielfaches des beim Kaufpreis vermeintlich gesparten Geldes dann für den Tierarzt ausgegeben werden. Für jeden verkauften Chihuahua vom Hundeproduzenten kommen neue nach, die ein ungewisses Schicksal erleiden. Die Nachfrage bestimmt das Angebot, und solange es Menschen gibt, die „Billighunde" kaufen, werden diese unter erbärmlichen Umständen produziert. Werden Sie misstrauisch und informieren Sie sich beim Veterinäramt, der örtlichen Tierschutzorganisation, beim Tierarzt und/oder im Internet über den Anbieter, wenn:

— Sie den Eindruck haben, dass es ihm nur ums Geld geht und er seine Hunde einfach nur „loswerden" will, egal, ob es ihnen später gut geht,
— die Hunde einen verstörten, ängstlichen, scheuen oder aggressiven Eindruck machen,
— die Hunde im Stall oder Keller „aufbewahrt" werden, vielleicht noch in gestapelten Hundeboxen,

ABGABEALTER

Laut Gesetz darf ein Welpe erst im Alter von acht Wochen abgegeben werden. Manche Vereine schreiben ein Abgabealter von frühestens zehn Wochen, andere von zwölf Wochen vor.
Die Welpen sind dann mehrfach entwurmt, geimpft und haben zur Identifikation einen Mikrochip.

— die Umgebung schmuddelig wirkt,
— die Hunde einen ungepflegten, verwahrlosten oder kranken Eindruck machen,
— Sie weder die Mutterhündin noch andere Hunde sehen können,
— Sie sich nicht anschauen dürfen, wie die Hunde leben,
— die Welpen mit weniger als zehn Wochen abgegeben werden,
— er mit der extrem geringen Größe seiner Hunde wirbt,
— die Elterntiere weniger als 2 kg wiegen,
— die Elterntiere eine deutlich offene Fontanelle (siehe S. 33) haben,
— Sie die Gesundheitsunterlagen der Elterntiere, wie z. B. die Patella-Untersuchung, nicht einsehen können,
— Sie kurz abgefertigt werden, keine Fragen stellen können und dies auch nicht für die Zeit nach dem Kauf angeboten wird,
— Sie die Wahl haben, ob Sie eine Ahnentafel für den Welpen haben wollen oder nicht,
— Hunde „aus dem Kofferraum“ heraus verkauft werden.

DIE WELPEN BESUCHEN

Die Besuche beim Züchter sind für jeden künftigen Hundehalter jedes Mal ein absolutes Highlight. Die Hundekinder zu beobachten, macht einfach nur Freude. Doch es gibt noch viel mehr zu sehen …

Gerade bei der Aufzucht von Chihuahua-Welpen ist es wichtig, dass sie hundgerecht spielen und toben dürfen.

Wollknäuel mit Forscherdrang. Bietet das Umfeld Abwechslung, fördert das Sinne, Motorik und Lernvermögen.

KERNGESUND

Die Welpen sind augenscheinlich gesund, sauber und gepflegt. Augen, Ohren, Nase, Po und Genitalien sind sauber und ohne Ausfluss. Die Augen glänzen, sind nicht trüb und tränen nicht, die Ohren riechen nicht streng. Das Welpenbäuchlein darf nach der Fütterung gut gefüllt, aber nicht aufgebläht oder hart sein, die Welpen haben keinen Durchfall. Die Bewegungen können noch tollpatschig sein, doch die Welpen lahmen oder torkeln nicht.

Im Spiel wird auch das Sozialverhalten geschult.

MUNTER UND OFFEN

Die Welpen sind freundlich, munter und aufgeweckt und keinesfalls ängstlich, scheu, lethargisch oder gestresst. Sie nähern sich fremden Menschen interessiert und haben eine gute Beziehung zur Züchterfamilie. Spiel-, Entdeckungs- und Schlafphasen wechseln sich ab. Beim Spielen wird getobt, gerauft, gekämpft, gejagt und entdeckt.

DIE WELT ENTDECKEN

Die Kleinen haben bereits Umwelterfahrungen. Das müssen nicht immer große Ausflüge sein, auch das Haus und ein interessant gestalteter Garten haben viel zu bieten. In der Wohnung geborene Welpen kennen die Geräuschkulisse von Staubsauger, Fernseher und Küche. Frische Luft ist wichtig, daher sollten sie sich bei passendem Wetter viel draußen aufhalten dürfen. Ein Umfeld, das verschiedene Umweltreize bietet, regt alle Sinne an, fördert die Motorik, verbessert Umweltverträglichkeit und Lernvermögen.

HUNDESPRACHE

Beim Spielen und im alltäglichen Umgang mit den Geschwistern, der Mutter und den anderen Hunden des Haushalts lernen die Welpen Manieren. Das legt die Basis für gutes Sozialverhalten und das Einmaleins der Hundesprache. Kaufen Sie nur dort, wo die Welpen dazu die Möglichkeit haben.

GEWICHT

Bei extrem kleinen Hunden ist die Gefahr von Gesundheitsproblemen besonders groß. Mit einem Gewicht von 2 kg oder mehr ist ein Chihuahua meist ein robuster, langlebiger Hund. Als Faustregel gilt: Hat der Welpe mit 10 Wochen ein Gewicht von 1.000 g, bzw. mit 12 Wochen von 1.200 g, wird er später 2 kg oder mehr wiegen. Liegt sein Welpengewicht jedoch deutlich darunter, wird er erwachsen deutlich weniger als 2 kg wiegen. Natürlich gibt es immer Ausnahmen dieser Regel.

Kleine Rangelei um den Ochsenziemer. Wer gewinnt?

Stolz trägt der Sieger die wertvolle Beute in Sicherheit.

FONTANELLE

Früher war die offene Schädeldecke, die Fontanelle (siehe S. 78), ein Rassemerkmal des Chihuahuas, heute ist sie im Sinne guter Gesundheit unerwünscht. Die Fontanelle soll bis zum Alter von einem Jahr geschlossen sein. Dies ist in der Regel dann der Fall, wenn sie beim Welpen maximal erbsen- oder linsengroß ist. Eine daumengroße Fontanelle wird jedoch meist zeitlebens offen bleiben. Fühlen Sie zum Test vorsichtig mit den Fingern über das Köpfchen.

ZUCHTAUS-SCHLIESSENDE FEHLER

Der Rassestandard beschreibt nicht nur das Ideal eines Hundes, sondern führt auch Fehler auf, die toleriert werden oder zum Zuchtausschluss führen. Bei einem Züchter, der einer Dachorganisation wie dem VDH angeschlossen ist, müssen die Welpen vor der Abgabe von einem Tierarzt und dem vom Rassezuchtverein beauftragten Zuchtwart untersucht werden. Der Zuchtwart bewertet den Allgemeinzustand und notiert eventuell vorhandene Fehler im Abnahmeprotokoll, diese werden dann ggf. auch auf der Ahnentafel des Welpen vermerkt.

Zuchtausschließende Fehler sind zum Beispiel

- Rutenfehler, auch „Knickrute“ genannt, wie ein Knick oder eine Verknöcherung (als Knubbel zu fühlen),
- ein oder zwei fehlende bzw. nicht abgestiegene Hoden bei Rüden (siehe S. 72),
- Gebissfehler, zum Beispiel Vorbiss (Oberkiefer ist kürzer als Unterkiefer) oder Rückbiss (Unterkiefer ist kürzer als Oberkiefer),
- Zahnfehler, wie das Fehlen von Schneide- oder Eckzähnen,
- Hängeohren.

So heben Sie einen Welpen richtig hoch.

Nicht jeder im Welpenalter festgestellte Fehler führt zwangsläufig zum Zuchtausschluss des Hundes. So können Hoden auch noch etwas später in den Hodensack abwandern, Gebiss- und Zahnfehler können sich mit dem Zahnwechsel vom Milch- auf das Dauergebiss auswachsen oder Hängeohren können sich in seltenen Fällen auch noch im Alter von einigen Monaten aufstellen. Und nicht alle diese Fehler bereiten dem Hund jetzt oder später Probleme, oft sind es nur äußerliche Abweichungen vom Rassestandard. Ein seriöser Züchter wird den Käufer immer über solche Fehler aufklären und den Kaufpreis reduzieren oder Folgekosten, zum Beispiel für aus diesem Grund später notwendige Operationen, ganz oder teilweise übernehmen.

WELPENUNTERLAGEN

Jeder Welpe bekommt vom Züchter eine Ahnentafel, in der die Vorfahren des Welpen aufgeführt sind, als Abstammungsnachweis und einen Impfnachweis, meist in Form des EU-Heimtierausweises, des internationalen Impfpasses. In beiden Dokumenten ist die Identifikationsnummer des dem Welpen unter die Haut implantierten Mikrochips eingetragen. Um diese Nummer zu lesen, wird ein spezielles Gerät benötigt. Diese Nummer können Sie bei verschiedenen Suchdiensten (siehe S. 124) registrieren lassen, sofern der Züchter das noch nicht erledigt hat. Wird ein entlaufener Hund gefunden, können die Halter über eine Nachfrage bei diesen Registern ermittelt werden. Im EU-Heimtierausweis ist eingetragen, gegen welche Krankheiten, wo und wann der Welpe geimpft wurde und wo sein Mikrochip sitzt (im Normalfall an der linken Halsseite). Falls die Ahnentafel noch nicht vorliegt, ist der Züchter verpflichtet, diese umgehend nach Erhalt vom Zuchtbuchamt des Rassezuchtvereins nachzuliefern.

Die Basis des Charakters ist beim Welpen gelegt, die weitere Entwicklung ist noch ganz offen.

Es sollte unbedingt ein Kaufvertrag abgeschlossen werden.
Sinnvoll sind auch ein Futter- und Pflegeplan. Meistens bekommt der Welpe sein gewohntes Futter für die erste Zeit vom Züchter in Form eines Startpakets mit. Natürlich sollte die Übergabe des Welpen und der Unterlagen bei einem ausführlichen Gespräch stattfinden, wobei alle aktuellen Fragen geklärt werden können.

IHREN WELPEN AUSSUCHEN

In jedem Wurf gibt es Welpen unterschiedlichen Charakters. Besuchen Sie den Züchter mehrmals und beobachten Sie die Geschwister im Umgang miteinander, mit erwachsenen Hunden und mit Menschen. Zeichnet sich ab, dass ein Welpe ein sehr durchsetzungsfähiger Typ ist, sollten seine Menschen ebenfalls diese Eigenschaft besitzen. Schüchterne Hunde brauchen Zweibeiner, die ihnen Zuversicht geben und Mut machen, damit sie sich zu sicheren Hunden entwickeln können. Welpen, die viel mit ihren Geschwistern spielen, sind oft prima Familienhunde. Ein guter Züchter kennt seine Hunde und kann deren Eigenschaften und Charakter gut einschätzen. Lassen Sie sich von ihm bei der Auswahl beraten, um den Welpen zu finden, der am besten zu Ihnen passt.
Die Entwicklung eines Hundekindes wird vor allem durch seine weiteren Erfahrungen bestimmt. Die Menschen, die seinen Lebensweg begleiten, und die Lebensumstände spielen dabei eine wesentliche Rolle. Wer schüchtern ist, muss es bei entsprechender Förderung nicht bleiben. Und wer ein kleiner Rowdy ist, kann mit der richtigen Anleitung ein freundlicher und zuverlässiger Begleiter werden.

VORBEREITUNGEN FÜR DEN NEUZUGANG

Nutzen Sie die Wochen vor der Ankunft Ihres Chihuahuas dazu, um die Grundausstattung einzukaufen sowie alles in Sicherheit zu bringen, was seinen eifrigen Zähnchen zum Opfer fallen könnte, und lagern Sie Ihre wertvollen Teppiche so lange aus, bis er stubenrein ist.

Suchen Sie auch einen Namen aus und teilen Sie ihn dem Züchter mit. Dann kann der Kleine schon so gerufen werden und reagiert vielleicht schon darauf, wenn er bei Ihnen einzieht.
Viele Züchter geben Ihnen eine Decke mit, die bei den Hunden gelegen und den „Familiengeruch" angenommen hat. Zu Hause können Sie die Decke dann auf den Schlafplatz des Kleinen legen. So weiß er gleich, wo er hingehört, und das Heimweh ist nicht mehr ganz so schlimm, da die Gerüche von den Geschwistern und natürlich von Mama an der Decke haften.

Eine Hunde-Haftpflichtversicherung muss sein.

HAUS UND GARTEN CHIHUAHUA-SICHER MACHEN

Das hat oberste Priorität, denn Sie wollen sicher nicht, dass der Kleine ausbüxt oder sich auf Ihrem Grundstück oder in Ihrer Wohnung verletzt.
Aus der Perspektive eines Chihuahuas sieht die Welt ganz anders aus – und kann gefährlich sein. Schauen Sie sich Haus und Garten aus seiner Sichtweise an und sichern Sie alles, was ihm gefährlich werden könnte: Spalten und Lücken in Treppen- oder Balkongeländern, Kellerschächte, offene Galerien, Treppen, Türen, Gartenteich oder Swimmingpool, Lücken im Gartenzaun, Kabel, gefährliche Pflanzen wie Kakteen oder für Hunde giftige Pflanzen, Putzmittel, Farben, Lacke, Dünger und alle anderen Chemikalien (Datenbank für Pflanzen und Substanzen, die für Tiere giftig sind: www.giftpflanzen.ch), Medikamente, Zigaretten, Schokolade, Filzstifte, Stecknadeln und andere Kleinteile sowie Hand- und Schultaschen.

BEHÖRDEN, TIERARZT UND CO.

Klären Sie beim Ordnungsamt, was Sie bei der Hundesteuer beachten und wann Sie Ihren Chihuahua anmelden müssen. Fragen Sie dort auch nach, welche weiteren Regelungen, Voraussetzungen oder Auflagen es zur Hundehaltung gibt, etwa der Leinenpflicht und wo Sie ggf. Hundefreilaufflächen finden. Informieren Sie sich über gute Welpengruppen (siehe S. 92) und Tierärzte. Schließen Sie eine Hundehalterhaftpflichtversicherung ab, denn auch ein kleiner Chihuahua kann folgenschwere und kostspielige Schäden verursachen, zum Beispiel bei einem Unfall.

Je nach Bundesland gibt es unterschiedliche Gesetze zur Hundehaltung. Diese können sich ändern, fragen Sie deswegen unbedingt vor dem Einzug Ihres Chihuahuas nach und halten Sie sich weiterhin auf dem Laufenden.

VORSORGEN

Auch wenn Sie noch jung sind: Sorgen Sie für den Fall vor, dass Sie sich nicht mehr dauerhaft um Ihren Chihuahua kümmern können. Suchen Sie einen Paten, der ihn dann bei sich aufnimmt. Lassen Sie sich von einem Notar beraten, wie Sie auch finanziell für Ihren Hund vorsorgen können.

Ist der Garten wirklich sicher: Ohne Lücke im Zaun, giftige Pflanzen oder giftigen Dünger?

CHIHUAHUA-AUSSTATTUNG

Für Ihren Chihuahua gibt es eine große Auswahl an Hundeausstattung. Achten Sie darauf, dass die Qualität stimmt, keine Schadstoffe enthalten sind und die Größe zum Hund passt.

Futter Nach Empfehlung des Züchters

Körbchen So groß, dass auch der erwachsene Hund reinpasst. Sinnvoll ist ein praktischer Kunststoffkorb mit weichem Kissen oder ein Körbchen aus waschbarem Stoff oder Kunstfell. Besser keinen Weidenkorb wählen, daran wird gern geknabbert und der Welpe kann sich verletzen.

Waschbare Decken Decken sollten bei höheren Temperaturen waschbar sein.

Transportbox Ein erwachsener Chihuahua sollte darin bequem stehen können.

Halsband und Leine Wählen Sie leichte Modelle aus Nylon. Für den erwachsenen Hund ist eine verstellbare Leine sinnvoll.

Achten Sie auf gute Qualität und Verarbeitung.

Eine Ausziehleine ist nur für Hunde geeignet, die bereits leinenführig sind. Sie dürfen keinen zu starken Zug ausüben.

Geschirr Für Chihuahua-Welpen empfehlenswert. Es muss eine gute Passform haben und darf nicht in den Achseln scheuern, um Verletzungen und Haltungsschäden zu vermeiden.

Futter- und Wassernapf Stabil und standfest

Kauknochen Der Größe des Hunde angepasst

Leckerchen Sehr klein oder teilbar

Spielzeug An die Größe des Hundes angepasst

Flohkamm Hat besonders enge und feine Zinken.

Für Kurzhaar-Chihuahuas Gummibürste, Ledertuch

Für langhaarige Chihuahuas Kleine Bürste mit Drahtzinken, eventuell mit Kunststoffnoppen auf der Spitze

Zeckenzange oder Zeckenhaken

Handtücher Vielleicht haben Sie ausrangierte zu Hause?

Hundeshampoo von guter Qualität

Hundeapotheke Besprechen Sie den Inhalt mit Ihrem Tierarzt.

Erste-Hilfe-Set Im Fachhandel oder beim Tierarzt

Tragetasche oder Rucksack Kann bei manchen Unternehmungen sinnvoll sein.

Der ersehnte Tag rückt immer näher. Treffen Sie schon frühzeitig alle Vorbereitungen.

BRAUCHT IHR CHIHUAHUA KLEIDUNG?

Fragen Sie Ihren Züchter, wenn Sie sich unsicher sind. Die Zwerge sind erstaunlich robuste Hunde, wenn sie entsprechend gehalten werden. Sie spielen sogar gern im Schnee und gehen dann auch mit Freude spazieren. Bei Kälte müssen sie jedoch in Bewegung bleiben, sonst kühlen sie schnell aus. Der Hund friert rasch, wenn er an der Leine warten muss, bis Sie zum Beispiel mit der Nachbarin Neuigkeiten ausgetauscht haben. Nehmen Sie ihn dann hoch und stecken Sie ihn in die Jacke, wo es kuschelig warm ist. Gesunde Chihuahuas mit guter Behaarung brauchen keinen Mantel oder Pullover, anders kann das bei kranken oder älteren Hunden sein. Auch Hunde, die Kälte nicht gewohnt sind, sollten einen Mantel tragen, und ebenso Hunde, die sich längere Zeit im Schnee aufhalten. Einer meiner (Birgit Holler) Chihuahua-Zöglinge zum Beispiel lebt jetzt bei einem Ehepaar, das jedes Jahr Skiurlaub macht – der Vierbeiner ist natürlich immer dabei. Bei Hochschnee und Minustemperaturen trägt er einen warmen Schneeanzug und tobt damit durch die weiße Pracht. Ist der Schnee zu tief, kommt er in einen speziellen Hunderucksack. Dort schaut er dann kuschelig und trocken heraus und ist trotzdem bei allem dabei. Sogar abends in der Skihütte darf er nicht fehlen.

Geben Sie Ihrem Welpen genug Zeit, sich bei Ihnen einzugewöhnen und alles kennenzulernen.

EIN NEUER MITBEWOHNER

Die beste Zeit zum Abholen ist vormittags, dann hat der Knirps noch den ganzen Tag vor sich, kann sich besser orientieren, spielen, fressen und letztendlich dann auch müde werden. Lassen Sie sich chauffieren, damit Sie sich um den Welpen kümmern können und in seiner Nähe sind. Legen Sie ihm eine Decke unter und halten Sie Papiertücher bereit: Es ist nicht ungewöhnlich, dass ihm übel wird und er vielleicht auch erbricht. Bieten Sie ihm auf einer längeren Fahrt auch Wasser an. Fahren Sie wenn möglich direkt nach Hause. Müssen Sie Halt machen, nehmen Sie ihn zur Absicherung immer an die Leine! Meiden Sie aber viel benutzte Rastplätze, denn der Kleine hat noch kein starkes Immunsystem und Sie wissen nicht, welche Krankheitserreger sich dort tummeln.

ENDLICH DAHEIM

Nehmen Sie sich die ersten Tage am besten nicht viel vor, denn der Welpe steht nun an erster Stelle. Für ihn ist momentan alles fremd. Er vermisst seine Mutter und Geschwister. Sie müssen ihm dies nun alles ersetzen und ihm die Geborgenheit geben,

die er bis jetzt erlebt hat. Lassen Sie ihn erst einmal in aller Ruhe ankommen und sich eingewöhnen. Besucher sollten noch ein paar Tage warten. Zeigen Sie ihm, wo Futter und Wasser stehen. Es ist völlig normal, wenn er nicht sofort zu seiner Schüssel geht und sich den Bauch vollschlägt, die neue Umgebung lenkt ihn ab.
Kinder sollten sich bei der Begrüßung des Neuzugangs auf den Boden setzen, ihn nicht hochnehmen und nicht herumtragen. Der Welpe darf das Tempo der Kontaktaufnahme selbst bestimmen können und sollte seine Ruhe haben, wenn er müde wird. Lassen Sie ihn besonders in der ersten Zeit nur unter Aufsicht mit den Kindern und/oder anderen Haustieren spielen.
Bleiben Sie in der ersten Zeit immer dabei, wenn der Welpe in den Garten darf. Bieten Sie ihm dann einige Spielsachen an. Er freut sich, wenn Sie sich mit ihm beschäftigen, und wird so von Sträuchern und Beeten abgelenkt. Wenn alles gut läuft, macht er auf der Wiese auch sein Geschäft.
Die erste Nacht ist für den Welpen nicht leicht. Lassen Sie ihn nicht allein, sondern bieten Sie ihm einen gemütlich gepolsterten Schlafplatz in einer oben offenen Box oder in einem Karton neben oder auf Ihrem Bett. So können Sie Ihre Hand hineinlegen und ihm Körperkontakt bieten. Eine warme (nicht heiße) Wärmflasche unter der Decke sorgt für zusätzliche Nestwärme.

GUT AUFPASSEN!

Sie nehmen Ihren Chihuahua-Welpen gern zum Kuscheln mit auf das Sofa? Dann vergessen Sie nicht, ihn wieder herunterzusetzen, wenn Sie aufstehen. Springt er selbst hinunter, kann er sich schwer verletzen (siehe S. 75). Achten Sie auch darauf, ihn nicht zu treten. So ein winziger Wusel gerät schnell mal unter einen Schuh. Daher kann es sinnvoll sein, in der Eingewöhnungszeit im Haus nur dicke Socken oder Hausschuhe mit weichen Sohlen zu tragen, das minimiert die Verletzungsgefahr.

SPEZIAL — *Stubenreinheit*

Die Stubenreinheit ist eines der wichtigsten Themen für angehende Hundehalter. Wie schnell ein Chihuahua stubenrein wird, ist individuell unterschiedlich, hängt aber wesentlich vom Engagement des Menschen ab. Hier gibt's Antworten auf die wichtigsten Fragen.

Was sind die häufigsten Gründe für Unsauberkeit?

Der Hund hat die Stubenreinheit nicht richtig gelernt oder es mangels Gelegenheit verlernt. Ursache kann natürlich auch eine Erkrankung sein, z. B. ein Harnwegs- oder Darminfekt. Das muss dann mit dem Tierarzt geklärt werden.

Braucht ein Chihuahua länger als Hunde anderer Rassen, bis er stubenrein wird?

Nein, die Zwerge lernen schnell, was von ihnen erwartet wird. Manche Kleinhundehalter nehmen es mit der Stubenreinheitserziehung allerdings nicht ganz so ernst, weil so eine kleine Pfütze schnell und einfach beseitigt ist. Wer einen großen Hund hat,

Manchmal vergisst der Welpe, warum er draußen ist: Brechen Sie dann ab und versuchen es später.

Wenn der Hund schnuppert, muss er vielleicht.

Braver Hund. Im Training ist nun ein großes Lob fällig.

gibt sich aus naheliegenden Gründen in der Regel mehr Mühe. Wie schnell ein Chihuahua stubenrein wird, hängt meist von der Aufmerksamkeit und dem Engagement seines Menschen ab.

Wann muss ein Welpe sich lösen?

Morgens direkt nach dem Aufstehen, sobald er geschlafen, gefressen oder gespielt hat und wenn er unruhig wird oder am Boden schnüffelt, muss er sofort raus, natürlich auch noch einmal vor dem Schlafengehen. Wenn es eilig ist, wird er am besten zum Löseplatz getragen. Sobald er dort sein Geschäft erledigt hat, gibt es ein überschwängliches Lob. Und wenn er zwei Stunden lang nicht draußen war, sollte er auch Gelegenheit bekommen, sich zu lösen.

Was ist mit einer Indoor-Hundetoilette?

In Einzelfällen, z. B. bei alten oder kranken Hunden, mag das sinnvoll sein, doch grundsätzlich eher nicht. Kann ein Hund sich jederzeit in der Wohnung erleichtern, spart der Halter sich zwar einen Weg nach draußen, doch die Stubenreinheit wird damit nicht gefördert. Dafür muss ein Hund lernen, Harn- oder Kotdrang nicht sofort nachzugeben und über eine gewisse Dauer einzuhalten. Das ist Training der Harnwegsmuskulatur. Das übt der Hund nur, wenn die Zeitabstände zwischen seinen Geschäften langsam vergrößert werden.

Und nachts?

Das Nachtlager in der Box neben dem Bett wird der Welpe nur im äußersten Notfall beschmutzen und sich vorher bemerkbar machen. Dann muss man sich beeilen, ihn nach draußen zu tragen. Danach sollte man sich sofort wieder ins Bett legen, ohne mit dem Welpen zu spielen oder ihm sonst viel Aufmerksamkeit zu widmen – sonst fordert er das vielleicht jede Nacht ein.

Und wenn doch ein Malheur passiert?

Wenn der Hund auf frischer Tat ertappt wird – und nur dann – darf der Mensch durchaus zeigen, dass er nicht begeistert ist. Doch Bestrafung ist tabu, egal, in welcher Form! Findet der Halter später eine Pfütze, bleibt ihm nichts anderes übrig, als diese kommentarlos zu beseitigen und es dabei zu belassen. Eine Strafpredigt wäre zwecklos, denn der Hund würde das nicht mit der Pfütze in Verbindung bringen und nicht verstehen, warum sein Mensch so unfreundlich zu ihm ist.

Was raten Sie, wenn ein erwachsener Chihuahua, z. B. aus dem Tierheim, unsauber ist?

Im Grunde genau das, was bei einem Welpen zu beachten ist, denn dieser Hund muss die Stubenreinheit neu lernen. Am wichtigsten, ob bei Welpen oder erwachsenen Hunden, ist Folgendes: Geduld, nicht zu früh zu viel verlangen und nicht mit der Aufmerksamkeit nachlassen.

Gewöhnung an Halsband und Leine:

Aufmerksam machen und locken.

Jeden Fortschritt belohnen.

ERSTE ERZIEHUNG

Lassen Sie dem Hundekind Zeit, sich bei Ihnen einzugewöhnen. Zeigen Sie aber von Anfang an Grenzen auf, wo es nötig ist. Ermuntern und loben Sie ihn immer dann, wenn er etwas richtig gemacht hat. Rufen Sie seinen Namen, wenn er Futter bekommt oder eine schöne Beschäftigung ansteht – so verknüpft er ihn bald mit angenehmen Aktivitäten. Legen Sie das Halsband bzw. das Geschirr vor dem Fressen, Spielen und Kauen an. So vergisst der Welpe es schnell und wird es bald akzeptieren. Zur Gewöhnung an die Leine geht eine weitere Person beim Spaziergang am besten voraus und lockt den Welpen zu sich. Mit einigen Leckerlis geht alles noch mal so gut. Auf eine exakte Leinenführigkeit kommt es jetzt noch nicht an, sondern vielmehr darauf, dass der Kleine lernt, die Beschränkung durch die Leine zu akzeptieren.

ERSTE AUSFLÜGE

Ihr Kleiner soll verschiedene Sozialpartner, Umwelterfahrungen und Umgebungen kennenlernen. Übertreiben Sie es in der ersten Zeit aber nicht mit den Unternehmungen und führen Sie den Welpen beim Spaziergang nicht zu weit vom Haus weg. Bieten Sie ihm lieber mehr Gelegenheit, im Haus und ihm Garten zu spielen, oder fahren Sie mit ihm zu Plätzen, wo Sie beide Spaß haben. Ab vier Monaten können Sie seinen Radius erweitern. Hat er sich eingewöhnt, können Sie kurze Stadtbesuche einplanen, halten Sie sich aber lieber als Beobachter am Rand des Getümmels und achten Sie darauf, dass der Knirps nicht von begeisterten Passanten bedrängt wird.

In fremder Umgebung: Bieten Sie Ihrem Welpen immer einen Rückzugsort – bei Ihnen ist er sicher.

AUTO FAHREN

Am besten ist Ihr Chihuahua in der quer zur Fahrbahn und sicher fixierten Hundebox (siehe S. 38) auf der Rückbank oder im Heck eines Kombis untergebracht. Damit entsprechen Sie nicht nur den gesetzlichen Vorschriften, sondern bieten ihm bei einer starken Bremsung oder einem Unfall mehr Sicherheit. Spezielle Polsterungen in der Box bieten noch mehr Schutz. Planen Sie bei längeren Fahrten immer ausreichend Pausen ein und bieten Sie Ihrem Hund unterwegs die Möglichkeit, zu trinken. Achten Sie

VORSICHT, HITZSCHLAG!

Die Sonne heizt den Innenraum eines Autos stark auf. Darin kann es so heiß werden, dass der Hund in kürzester Zeit einen tödlichen Hitzschlag erleidet – da hilft auch nicht der kleine Spalt in der Fensterscheibe. Lassen Sie Ihren Chihuahua deswegen niemals im Auto, wenn es draußen warm ist. Berücksichtigen Sie den Verlauf der Sonne, auch wenn das Auto im Schatten parkt – wo es jetzt noch kühl ist, kann es in einer halben Stunde lebensgefährlich sein.

Noch ungewohnt: Erster Familienausflug mit Mama und Freundin in der Hundebox.

darauf, dass er keiner Zugluft ausgesetzt ist. Fahren Sie zur Gewöhnung kurze Strecken und unternehmen Sie am Ziel gemeinsam einen Spaziergang oder spielen Sie mit ihm, damit er etwas Schönes mit der Fahrt verbindet. Dehnen Sie dann die Dauer der Fahrten immer weiter aus, so wird sich Ihr Chihuahua rasch daran gewöhnen. Verhindern Sie von Anfang an, dass er einfach aus dem Auto springt. Fordern Sie ihn mit „Bleib“ auf, so lange zu warten, bis Sie ihn herausheben. Die meisten Chihuahuas fahren sehr gern im Auto mit, manche erbrechen jedoch, regen sich auf und speicheln dann stark. Füttern Sie ihn wenn möglich dann zwei bis drei Stunden vor der Fahrt nicht (Unterzuckerung, siehe S. 79). Bis der Hund erwachsen ist, verliert sich diese Autoübelkeit meistens wieder. Ist das nicht der Fall, können homöopathische oder pflanzliche Mittel helfen oder Sie lassen sich vom Tierarzt ein Präparat gegen den Brechreiz bei Reisekrankheit geben.

ENTWICKLUNG

Verhaltensentwicklung und Lernen beginnen von Anfang an. Richtig los geht es dann ab der vierten Woche mit der Sozialisierungsphase. Das Hundekind lernt die Basis all dessen, was für sein weiteres Leben wichtig ist. Im positiven Kontakt mit Menschen, Artgenossen, Tieren und der Umwelt liegt der Schlüssel für eine sorgsame Sozialisierung. Nur so kann der kleine Chihuahua all seine guten Anlagen und Eigenschaften entfalten und den Grundstock für Anpassungsfähigkeit, Offenheit und Lernvermögen setzen, was es ihm möglich macht, sein ganzes Leben lang zu lernen. Die Sozialisierungsphase dauert an bis zur Pubertät (siehe rechts), die bei Chihuahuas mit etwa sechs Monaten beginnt. Nun gilt es, die bisher geschaffenen Grundlagen zu festigen, bis der Vierbeiner mit etwa ein bis zwei Jahren seine mentale Reife erlangt und damit richtig erwachsen

ist. Lernen fällt besonders dem jungen Hund sehr leicht und diese sensible Phase beeinflusst sein Verhalten auch für seinen weiteren Lebensweg. Fehlentwicklungen können nur schwer und manchmal gar nicht mehr korrigiert werden.
Mit der Aufnahme Ihres Welpen liegt es nun an Ihnen, ihn mit seinem neuen Leben vertraut zu machen und mit der Erziehung zu beginnen. Geben Sie dem Welpen Gelegenheit, alles das kennenzulernen, was ihm auch später begegnen wird. Machen Sie das mit Bedacht, bieten Sie ihm ein ausgewogenes Maß an neuen Erfahrungen, ohne ihn zu überfordern. Und haben Sie Geduld während der manchmal nervenaufreibenden Zeit der Pubertät. Das Gehirn verschaltet sich neu und Erlerntes scheint manchmal vergessen zu sein. Liebevolle Konsequenz und Anleitung helfen Ihrem Teenager, seinen Weg zum Erwachsenwerden zu meistern. Vor allem: Legen Sie am meisten Wert auf gutes Sozialverhalten und höfliche Manieren im Umgang mit Menschen und Artgenossen. Signale und Kommandos zu erlernen und zu befolgen, wird ganz leicht, wenn die Basis stimmt.

GRENZEN SETZEN

Zieht ein erwachsener Chihuahua bei Ihnen ein, fängt ein neues Leben für ihn an: Ihr Haus, Ihre Regeln. Verhätscheln Sie ihn nicht und lassen Sie ihm nicht alles durchgehen, weil er vielleicht bisher ein schweres Leben hatte. Zeigen Sie freundlich aber bestimmt, wer im Haus das Sagen hat, leiten Sie ihn an, setzen Sie Grenzen und achten Sie auf deren Einhaltung. So geben Sie ihm Orientierung und helfen ihm am besten, sich einzugewöhnen. Und wenn er nicht stubenrein ist, muss er das wie ein Welpe lernen.

Etwa drei Wochen alt: Die Augen sind geöffnet, die winzigen Ohren stehen lustig ab.

HÖREN, SEHEN, RIECHEN UND SCHMECKEN

Wer mit einem Hund lebt, sollte auch wissen, wie er die Welt erfährt. Hunde haben erstaunliche Sinne, auch der kleine Chihuahua macht da keine Ausnahme. Und so nimmt er die Welt und die Dinge, die um ihn herum geschehen, oft ganz anders wahr als Sie.

RIECHEN

Schnuppern ist eines der „Lieblingshobbys" aller Hunde. Kein Wunder, ist ihr Geruchssinn doch viel besser als der des Menschen. Auch Chihuahuas haben eine wesentlich größere Riechschleimhaut, deren über Hundert Millionen Riechzellen die unterschiedlichsten Duftmoleküle für die „Analyse" im Gehirn einfangen. Das und vieles mehr erfährt Ihr Hund dadurch, zum Beispiel:

— ob eine Katze, ein Igel oder Eichhörnchen über seinen Rasen oder draußen ein Hase über den Weg gelaufen ist und in welche Richtung.
— welches Geschlecht oder Befinden ein Artgenosse hat, eine Hündin läufig oder ein Rüde ein vor Testosteron strotzender Macho ist, wenn er ihn bzw. seine Hinterlassenschaften beschnuppert.

Nicht selten wird dann selbst eine Nachricht hinterlassen. So bieten die täglichen Spaziergänge nicht nur Bewegung, sondern sind auch Informationsbörse für wichtige Nachrichten aus der Nachbarschaft. Und er kann riechen, ob sein Mensch Furcht oder Stress hat.

Die Hundenase ist zu erstaunlichen Leistungen fähig und führt ihn in eine uns verborgene Welt.

Es ist individuell sehr unterschiedlich, wie Hunde auf optische Reize reagieren.

SEHEN

Mit großen Augen blickt ein Chihuahua in die Welt. Doch was sieht er eigentlich? Gar nicht viel, wenn er in einer etwas höheren Wiese steht. Aus der Bodenperspektive kann schon ein Grasbüschel oder eine niedrige Mauer die Weitsicht verwehren. Nähert sich von oben eine Hand oder ein größerer Hund, kann das bedrohlich wirken. Kein Wunder, dass der Chihuahua dann manchmal unsicher zu sein scheint. Was er erblickt, sieht für ihn auch etwas anders aus als für Sie. Mit seinem größeren Gesichtsfeld kann er mehr von der Umgebung wahrnehmen, zulasten des räumlichen Sehens. Punkten können diese Hunde aber beim Erkennen von Bewegungen und der Orientierung in der Dämmerung.

HÖREN

Die großen Stehohren eines Chihuahuas sind prädestiniert für gutes Hören. Er kann sie sogar in unterschiedliche Richtung drehen, um eine Geräuschquelle zu orten. Dazu vermag er auch Töne in hohen Frequenzen wahrzunehmen, die der Mensch nicht hört, wie den Hochfrequenzbereich, in dem manche Nagetiere kommunizieren, oder die lautlose Hundepfeife. Sie müssen also nicht laut werden, damit Ihr Chihuahua Sie hört.

FÜHLEN

Hunde fühlen vielfältig. Berührungen, Temperatur, Druck und Schmerz etwa nimmt ein Chihuahua mit zahlreichen Sinnesrezeptoren wahr, die über seinen ganzen Körper verteilt sind. Diese liegen zum Beispiel direkt in der Haut oder sind mit Haaren (insbesondere Tasthaaren) verbunden.

GESCHMACKSSINN

Hunde können salzig, bitter, süß, sauer und umami (bestimmte Aminosäuren, auch Fleisch) unterscheiden. Ob Ihrem Hund seine Mahlzeit gut schmeckt, hängt auch wesentlich von deren Geruch ab.

FÜR EIN LANGES HUNDELEBEN

— *Ernährung, Pflege und Gesundheitsvorsorge*

ERNÄHRUNG

Liebe geht durch den Magen. Ausdruck Ihrer Liebe zu Ihrem Chihuahua ist daher auch, sorgsam auszuwählen, womit Sie seinen Napf füllen. Denn seine Nahrung soll ihm schmecken und ihn mit allem versorgen, was er braucht.

Was das Futter angeht, ist der Hund ein Opportunist: Meist nimmt er das, was er bekommt. Fleisch spielt in seiner Ernährung eine wichtige Rolle, doch zu einer ausgewogenen Mahlzeit gehört mehr. Gerade weil der Hund sich bei der Ernährung nicht immer wählerisch und scheinbar flexibel zeigt, müssen Sie entscheiden, was gut für ihn ist. Doch bei kaum einem anderen Thema der Hundehaltung treffen so kontroverse Meinungen aufeinander. Dose, Trockenfutter, gekocht oder Rohfütterung: Die Befürworter dieser oder jener Ernährungsform legen manchmal missionarischen Eifer an den Tag und erklären ihre als die einzig Wahre. Dabei hat jede Variante Vor- und Nachteile. Ein Hund kann sogar vegetarisch ernährt werden – ob er gern auf Fleisch verzichtet, kann allerdings bezweifelt werden. Ganz ohne tierische Eiweiße, zum Beispiel aus Eiern und Milchprodukten, geht es jedoch nicht, vegane Hundeernährung scheidet damit aus! Wie Sie Ihren Vierbeiner ernähren, ist bis auf die letztgenannte Ausnahme Ihre Entscheidung. Je besser Sie informiert sind, desto überzeugter können Sie diese treffen.

Kein Krümel ist mehr übrig: Ihr hat es richtig gut geschmeckt. Darf es etwas mehr sein?

AUSGEWOGENE ZUSAMMENSTELLUNG

Ausgewogen sind Mahlzeiten nur, wenn ihre Menge und ihr Verhältnis zueinanderpassen und den Nährstoffbedarf des Hundes bedarfsgerecht decken. Viel hilft aber nicht viel, denn eine Überversorgung kann genauso wie ein Mangel Beschwerden und sogar Krankheiten verursachen. Dazu kommt, dass es nicht *den Bedarf* gibt. Denn dieser hängt immer vom jeweiligen Hund ab und kann z. B. je nach Alter, Lebensumständen, Aktivität und individueller Veranlagung unterschiedlich sein.
Ausgewogene Ernährung – ob bei Zwei- oder Vierbeinern – ist ein komplexes Thema, das den Rahmen dieses Kapitels bei Weitem sprengen würde. Allein zur Hundeernährung gibt es zahlreiche Bücher, die sich dem Thema allgemein oder bezogen auf bestimmte Ernährungsformen widmen.

FUTTERARTEN

Das Futter kann immer nur so gut sein, wie die Zutaten, die enthalten sind. Ganz egal, welche Ernährungsart Sie wählen, sie sollte wirklich hochwertig und auf die Ernährungsansprüche Ihres Hundes abgestimmt sein, eine hohe Verdaulichkeit und Bekömmlichkeit haben und ihm schmecken. Eine gute Figur, schönes, dichtes und glänzendes Fell, körperliche Fitness und mentale Ausgeglichenheit, nicht zu fester oder weicher Kot von normaler Farbe, der nicht mehr als dreimal täglich abgesetzt wird und nicht auffällig unangenehm riecht, keine starken Blähungen oder Mundgeruch – all das sind Hinweise darauf, dass Sie mit der Ernährung Ihres Lieblings nicht so ganz falsch liegen können. Um Ihren Knirps satt zu bekommen, brauchen Sie keine großen Mengen, da darf das Futter auch etwas mehr kosten, ob Sie es selbst zubereiten oder fertig kaufen.

Ausgangsbasis für die Nahrung Ihres Hundes, ob gekauft oder selbstgemacht, sollten hochwertige Grundstoffe sein.

Achten Sie beim Fertigfutter auf gute Qualität.

Trockenfutter eignet sich auch als Leckerli.

Vorsicht Zusätze!
Alleinfutter soll Ihren Hund ausgewogen ernähren. Zusätze sind überflüssig und können sogar zu schweren gesundheitlichen Problemen führen, so etwa zusätzliches Kalzium zu Skelettschäden und zur Störung der Aufnahme anderer wichtiger Mineralstoffe. Fragen Sie im Zweifelsfall immer vorher Ihren Tierarzt oder den Ernährungsberater.

FIX UND FERTIG

Dose oder Sack öffnen, in den Napf füllen – fertig ist die Hundemahlzeit. Wenn es das ist, was Sie wünschen, müssen Sie ein „Alleinfutter" wählen, denn die Hersteller versprechen eine ausgewogene Zusammensetzung mit allem drin, was der Hund braucht, dazu noch lange Haltbarkeit.
Die Deklaration ist nicht immer leicht zu verstehen. Bei der Zusammensetzung ist der Hauptbestandteil immer an erster Stelle angegeben, die weiteren Bestandteile in absteigender Folge. Informieren Sie sich beim Hersteller über die Inhaltsstoffe, deren Mengen und Herkunft. Achten Sie darauf, dass keine künstlichen Farb-, Geschmacks- oder Konservierungsstoffe enthalten sind, manche davon können gesundheitliche Probleme fördern.

„Feucht-" oder „Nassfutter" enthält etwa 80 Prozent Wasser – das bezahlen Sie manchmal teuer mit. Hunde fressen es meist gern. Vielleicht auch wegen des in manchen Produkten enthaltenen Zuckers – möglichst ein Futter ohne Zucker kaufen.

„Trockenfutter" hat nur rund 10 Prozent Feuchtigkeit. Es kann viel Getreide enthalten – nicht alle Hunde vertragen das. Sie können die Kroketten vorher in Wasser aufquellen lassen.

Die Hersteller bieten immer speziellere **Futtersorten** an: für Welpen, erwachsene, übergewichtige oder alte Hunde, speziell für Chihuahuas und bei manchen können Sie mit einem „Futtergenerator" sogar das Futter individuell zusammenstellen lassen, indem Sie Angaben zu Alter, Geschlecht, Aktivität, Krankheiten und Unverträglichkeiten Ihres Hundes machen. Für Hunde mit bestimmten gesundheitlichen Problemen gibt es nach tierärztlicher Verordnung diätetische Nahrungsmittel, zum Beispiel bei Harnwegs- oder Herzerkrankungen.

SICHER SEIN

Wenn Sie sich ganz sicher sein wollen, dass Ihr Hund ausgewogen ernährt wird, können Sie seine Rationen an Fertigfutter oder selbst zubereiteter Nahrung von einem Ernährungsberater für Hunde überprüfen oder von vornherein berechnen lassen.

Wer die Mahlzeiten selbst zubereitet, muss sich gut mit Nährstoffen und Zusammensetzung auskennen.

SELBER ZUBEREITEN

Immer mehr Hundehalter vertrauen bei der Ernährung ihres Lieblings nur auf das, was sie selbst zubereiten, ob bei den Hauptmahlzeiten oder den Leckerchen. Richtig umgesetzt, ist er damit auch bestens ernährt. Zu den Hauptzutaten kommen meist verschiedene Zusätze für die Ausgewogenheit. Gemüse muss gekocht oder püriert werden, damit der Hund die Nährstoffe verwerten kann. Nur weil eine Portion selbst zubereitet wurde, ist sie aber noch lange nicht ausgewogen. Der Halter muss sich daher intensiv mit dem Thema Hundeernährung beschäftigen, will er keine Mangel- oder Überversorgung bei seinem Vierbeiner riskieren. Die Fütterung von Hunden mit Rohkost ist längst etabliert. B.A.R.F. (Biologisch artgerechte Rohfütterung) orientiert sich an den Ernährungsgewohnheiten des Wolfes. Davon gibt es verschiedene Varianten, manche sehr streng rohköstlich, andere nehmen es etwas lockerer. Viele „Barfer“ schwören darauf, manche Tierärzte betrachten die Fütterung mit rohem Fleisch jedoch skeptisch, da in der Nahrung enthaltene Krankheitserreger und Parasiten nicht abgetötet werden. So darf zum Beispiel kein rohes Schweine- oder Wildschweinfleisch verfüttert werden, da es das für Hunde tödliche Aujeszky-Virus übertragen kann. An Salmonellen erkranken Hunde nur selten, können aber den Erreger ausscheiden. Das kann besonders für ältere oder chronisch kranke Menschen gefährlich werden, die dann mit den Erregern in Kontakt kommen.

RICHTIG FÜTTERN

Die Zubereitung und das Servieren der Mahlzeiten Ihres Vierbeiners wird für Sie bald zur Routine. Für ihn ist jede Fütterung ein Highlight. Nicht nur „was“, auch „wie, wo, wann und wie viel“ spielt bei der Ernährung Ihres Hundes eine große Rolle.

FÜTTERUNGSREGELN

- Füttern Sie keine stark gesalzenen oder gewürzten Speisereste, Knabberzeug oder Süßigkeiten.
- Jeder Hund hat seinen eigenen Futternapf.
- Achten Sie darauf, dass Ihr Hund seine Mahlzeiten ungestört einnehmen kann.
- Füttern Sie immer am selben Platz.
- Halten Sie mehrere Hunde und kommt es bei den Fütterungen zu Streit, sollten Sie getrennt füttern.
- Futter nur mit Zimmertemperatur anbieten, niemals direkt aus dem Kühlschrank oder tiefgefroren.
- Stellen Sie den Napf weg, wenn nach 20 Minuten noch etwas übrig ist. Feuchtfutter oder selbst zubereitete Nahrung verdirbt besonders bei Hitze schnell.
- Nach der Mahlzeit sollte der Hund zwei bis drei Stunden ruhen können.
- Den Wassernapf täglich, den Futternapf nach jeder Fütterung reinigen.
- Füttern Sie zu regelmäßigen Zeiten: bis 3 – 4 Lebensmonate 4x täglich, bis 6 Monate 3x täglich und ab dann 2x täglich, einen Senior oder kranken Hund wenn nötig auch öfter.
- Das Risiko einer Unterzuckerung (siehe S. 79) kann besonders Welpen und Teacup-Chihuahuas jeden Alters betreffen. Nachts sollte ihnen immer Futter zur Verfügung stehen und auch tagsüber ggf. häufiger gefüttert werden.
- Giftig für Hunde sind zum Beispiel: Trauben und Rosinen, Zwiebeln und Knoblauch, Avocado, Auberginen, grüne Tomaten, grüne Paprika, rohe Kartoffeln, Mandeln, rohes Schweinefleisch, Schokolade (siehe Info S. 59).

WASSER

Ihr Chihuahua muss jederzeit Zugang zu frischem Wasser haben. Erneuern Sie es mindestens einmal täglich und behalten Sie im Blick, wie viel er trinkt. Futterart, Umgebungstemperatur, Aktivität, Gesundheitszustand und manche Medikamente haben großen Einfluss auf seinen Flüssigkeitsbedarf. Füttern Sie Feuchtfutter, nimmt Ihr Hund damit einen Teil der benötigten Flüssigkeit auf. Bekommt er Trockenfutter, kann sich sein Wasserbedarf jedoch vervielfachen, ebenso bei Hitze und/oder großer Anstrengung. Verändertes Trinkverhalten ohne plausiblen Grund kann ein Hinweis auf eine Erkrankung sein, klären Sie das dann mit Ihrem Tierarzt ab.

FUTTERMENGE

Die Größe der Portionen hängt vom Energie- und Nährstoffbedarf des Hundes sowie Energie- und Nährstoffgehalt der Nahrung ab. Der Bedarf wird zum Beispiel von Alter, Gesundheit, Aktivität, Umgebungstemperatur und individuellem Stoffwechsel bestimmt. Bereiten Sie das Futter für Ihren Chihuahua selbst zu, helfen Ihnen Nährwerttabellen bei der Berechnung. Bekommt er Fertigfutter, weicht die Menge je nach Produkt mitunter erheblich voneinander ab – die Fütterungsempfehlung des Herstellers kann Orientierung bieten. Fragen Sie auch Züchter und Tierarzt nach deren Erfahrungen.

Achten Sie immer auf die Futtermenge.

Bleibt öfter was im Napf übrig, kann es etwas weniger sein. Ist die Mahlzeit mit einem Happs vertilgt und schaut Ihr Kleiner Sie dann fragend an, vielleicht etwas mehr. Vertrauen Sie dabei auch auf Ihr Augenmaß: Ist seine Taille gut zu erkennen, sind die Rippen leicht zu tasten und mit nur einer dünnen Fettschicht bedeckt, hat er seine Idealfigur. Zusätzliche Sicherheit bekommen Sie durch regelmäßiges Wiegen: So können Sie seine Gewichtsentwicklung verfolgen und bei Abweichungen früh reagieren, indem Sie mehr oder weniger füttern. Tipp bei der Fütterung von Trockennahrung: Haben Sie die ideale Futtermenge ermittelt, können Sie das Futter abwiegen. Wer die Menge nur schätzt, kann leicht danebenliegen. Schon geringe Abweichungen machen sich bei einem so kleinen Hund schnell bemerkbar.

DER WELPE

Mit der Ernährung des Welpen werden wichtige Weichen für seine Gesundheit gestellt. Im Wachstum benötigt der Kleine mehr Energie, Proteine und weitere Nährstoffe, bezogen auf ein Kilogramm Körpergewicht, als im Erwachsenenalter, zum Beispiel für den Aufbau von Muskeln, Knochen und Immunsystem. Das Futter muss hoch verdaulich sein, damit die Inhaltsstoffe auch verwertet werden können.
Spezielle Welpennahrung verspricht, diesen Ansprüchen gerecht zu werden. Wenn Sie das füttern möchten, können Sie nach dem Zahnwechsel auf ein Futter für erwachsene Hunde umsteigen. Welpenfutter selbst zuzubereiten, setzt besonders gute Kenntnisse voraus. Füttern Sie den Welpen zumindest in den ersten ein oder zwei Wochen mit dem Futter, das Ihnen der Züchter empfohlen hat. Nach dem Umzug wäre eine zu frühe Futterumstellung zu großer Stress für ihn. Bieten Sie ihm aber trotzdem einen abwechslungsreichen Speiseplan, indem Sie zwischendurch zum Beispiel einen Klecks oder Brocken eines anderen Futters, Quark, Hüttenkäse, ein Stück Apfel, Möhre etc. anbieten. So beugen Sie festgefahrenen Futtergewohnheiten vor.

DER ERWACHSENE CHIHUAHUA

Ihn mit allem zu versorgen, was er braucht, und sein Idealgewicht zu halten, ist der Fütterungsanspruch beim erwachsenen Chihuahua. Menge und Zusammensetzung variieren je nach Typ und Lebensumständen. Ein temperamentvoller Quirl braucht mehr Energie als ein träger Couchpotato. Und wer im Winter viel draußen ist, hat auch einen höheren Bedarf.
Ist ein Chihuahua kastriert, hat er einen bis zu 30 Prozent niedrigeren Energiebedarf als vorher. Bewegung und Futter müssen entsprechend angepasst werden, damit er nicht dick wird.

Welpen brauchen mehrere Mahlzeiten täglich.

MEHR POWER

Ein Chihuahua bekommt natürlich weniger Futter als ein größerer Artgenosse. Doch relativ gesehen benötigt der Chihuahua mehr. Denn ein kleiner Hund hat eine größere Körperoberfläche und verliert dadurch mehr Wärme. Sein Stoffwechsel muss mehr leisten, um die Körpertemperatur aufrechtzuerhalten. Dafür wird pro Kilogramm Körpergewicht mehr Energie (Joule bzw. Kalorien) aufgewendet.

DIE SCHLANKE LINIE IM BLICK

Kleine Hunde verleiten besonders dazu, sie zu verwöhnen. Wer kann einem süßen Chihuahua schon einen Extrahappen abschlagen, wenn er so herzerweichend dreinschaut? Da wird der Zweibeiner leicht schwach. Und wenn das öfter vorkommt, dauert es gar nicht mehr lange und Sie müssen seine Taille mit der Lupe suchen. Denn auch ein Hund nimmt zu, wenn er mehr Energie aufnimmt, als er verbraucht. Lassen Sie es gar nicht so weit kommen und bleiben Sie konsequent – Ihrem Knirps zuliebe. Denn aus ein paar Gramm zu viel werden bei so einem Winzling schnell mehr. Darunter leiden seine Lebensqualität und seine Gesundheit.

FUTTERUMSTELLUNG

Nicht jeder Hund verträgt eine schnelle Futterumstellung, manche reagieren dann mit Verdauungsproblemen. Dem beugen Sie vor, indem Sie zum Beispiel alle zwei bis drei Tage den Anteil des neuen Futters um 20 – 25 Prozent gegenüber dem gewohnten erhöhen, bis Sie schließlich nur noch das neue Futter anbieten.

WAS TUN BEI ÜBERGEWICHT?

Manche Krankheiten begünstigen Übergewicht. Lassen Sie Ihren Chihuahua daher immer zuerst vom Tierarzt untersuchen, bevor Sie mit ihm eine Diät beginnen.

— Machen Sie keine „Friss-die-Hälfte-Diät“. Eine zu rasche Gewichtsabnahme schadet seiner Gesundheit, Tierärzte empfehlen 2 Prozent pro Woche. Überprüfen Sie das durch regelmäßiges Wiegen.
— Sorgen Sie für zusätzliche Bewegung durch Spaziergänge und Spiel entsprechend seiner Leistungsfähigkeit. Überfordern Sie ihn dabei nicht und schonen Sie seine Gelenke. Steigern Sie Dauer und Intensität der Bewegung nur langsam.
— Verringern Sie den Energiegehalt seiner Nahrung, entweder durch maßvoll kleinere Portionen, einen größeren Ballaststoffanteil oder ein spezielles „Lightfutter“. Wichtig: Trotzdem muss ihn sein Futter ausreichend mit allen Nährstoffen versorgen.

Der Energiebedarf hängt auch von der Aktivität ab.

Ausreichend Bewegung ist eine wichtige Grundlage für das Gesundgewicht Ihres Chihuahuas.

- Überprüfen Sie, wie viel Leckerchen und Snacks Ihr Chihuahua bekommt. Reduzieren Sie die Menge und wählen Sie energiearme Alternativen, wie Möhren- oder Apfelschnitze und zum Knabbern zum Beispiel getrocknete Rinderlunge oder eine Kauwurzel statt Ochsenziemer.
- Achten Sie darauf, dass Ihr kleines Dickerchen nicht anderswo Gehaltvolles ergattern kann, zum Beispiel am Katzennapf, oder es vom Nachbarn etwas zugesteckt bekommt.
- Bei stark fettleibigen Hunden muss eine Diät immer tierärztlich begleitet werden, um Gesundheitsschäden vorzubeugen.

DER SENIOR-CHIHUAHUA

Ab etwa acht bis zehn Jahren hat Ihr Chihuahua einen geringeren Erhaltungsstoffwechsel und bewegt sich meist weniger. Der Energiegehalt des Futters muss angepasst werden, damit er nicht zunimmt. Trotzdem braucht er alle benötigten Nährstoffe in ausreichendem Maß. Ist etwa der Proteingehalt zu niedrig, werden vermehrt Muskeln abgebaut. Gerade im Alter ist das problematisch, da der natürliche Verschleiß von Gelenken

DER KRANKE HUND

Manche Erkrankungen oder Unverträglichkeiten erfordern eine angepasste Ernährung, zum Beispiel Allergien, Nieren- oder Lebererkrankungen. Lassen Sie sich von Ihrem Tierarzt beraten. Bei einer Magenverstimmung kann Schonkost etwa aus Reis, Hüttenkäse und gequetschter Banane helfen, damit es dem Hund schnell wieder besser geht. Fragen Sie vorher den Tierarzt, wenn Ihr Hund einen Fastentag einlegen soll, damit nicht das Risiko einer Unterzuckerung besteht.

und Wirbelsäule die Bewegungsfähigkeit einschränken kann, eine gute Bemuskelung dem aber unterstützend entgegenwirkt. Eine hochwertige, leicht verdauliche Seniornahrung ist da gerade richtig. Geben Sie Ihrem alten Vierbeiner bei Bedarf mehrmals täglich kleinere Portionen, um sein Verdauungssystem zu entlasten.

EXTRAHAPPEN

Gelegentlich ein Leckerchen (siehe S. 89) zur Belohnung, ein Snack zum Kauen oder ein Futterspiel – Ihr Chihuahua freut sich darüber. Solange seine Ernährung ausgewogen ist und der Energiegehalt auf die tägliche Ration angerechnet wird, bringt das Abwechslung in den Speiseplan.
Kauprodukte unterstützen die Zahnpflege und bieten Beschäftigung. Manche sind sehr gehaltreich und sollten nur maßvoll angeboten werden.
Mit Futterspielen machen Sie Ihrem Chihuahua eine besondere Freude, Beispiele: Unter einem von drei Kunststoffbechern ist ein Leckerchen oder Trockenfutter versteckt, das der Hund finden muss; ein Leckerchen, Futter oder etwas zum Kauen in ein Handtuch einschlagen, in einem Eierkarton, einem mit Papier gefüllten Karton oder in einer Papprolle mit umgeknickten Enden verstecken, Ihr Chihuahua muss es befreien und darf es sich dann schmecken lassen. Futterspiele gibt es auch im Zoofachhandel, zum Beispiel Bälle mit Öffnung, um Futterbrocken herauszukugeln; Spiele, bei denen der Hund Schieber bewegen oder Zylinder hochheben muss, um an die darunterliegenden Leckerchen zu kommen, oder Gummikegel mit Hohlraum, der mit Quark oder Ähnlichem gefüllt wird, damit der Hund ihn ausschlecken kann. Ihnen fällt bestimmt noch viel mehr ein.

Wichtig, keine Schokolade!
Kakao enthält den für Hunde giftigen Stoff Theobromin. Je dunkler eine Schokolade ist, desto mehr Kakao enthält sie auch. Zwei Stückchen Zartbitter und schon 10 Gramm 70-prozentige Schokolade können für einen 2 Kilogramm schweren Hund tödlich sein. Milchschokolade enthält zwar weniger, ist aber auch gefährlich. „Verwöhnen" Sie Ihren Chihuahua auf keinen Fall mit Schokolade!

Leckerchen müssen auf die tägliche Nahrungsmenge Ihres Hundes angerechnet werden.

GEPFLEGT VON KOPF BIS PFOTE

Die Pflege eines Chihuahuas ist nicht aufwendig. Wenn Sie bereits mit dem Welpen behutsames Bürsten, das Abtasten des Körpers, Kontrolle und Säubern von Zähnen, Augen und Ohren üben und dabei nicht mit Lob sparen, wird das später ganz selbstverständlich für ihn sein.

FELLPFLEGE

Chihuahuas haben ein angenehmes und pflegeleichtes Fell ohne nennenswerten Eigengeruch. Werden sie regelmäßig gekämmt und gebürstet, sehen sie tiptop aus. Viele meiner Chihuahuas genießen es, gekämmt und gebürstet zu werden, und sind dabei ganz gelassen. Sind sie fertig, schütteln sie sich, springen schwanzwedelnd an meinem Bein hoch und warten auf ein Leckerchen für ihr gutes Benehmen. Meine Langhaarhündin Lady ist besonders tiefenentspannt. Setze ich sie auf den Tisch, legt sie sich sofort auf die Seite und lässt alles mit sich machen. Ist eine Seite fertig, wird sie einfach umgedreht. Ich genieße diese ruhigen Momente mit meinen Chihuahuas. Und dazu ist das ein wichtiger Teil der Gesundheitsvorsorge, weil ich meine Hunde auf Parasiten, kahle Stellen, Rötungen, Schorf oder Wunden untersuche. So kann ich schnell reagieren, wenn es nötig sein sollte.

KURZHAAR-CHIHUAHUA

Beim kurzhaarigen Chihuahua ist gelegentliche Fellpflege meist ausreichend, um Straßenstaub und abgestorbene Haare zu entfernen. Weil dabei auch die Haut massiert und die Durchblutung anregt wird, darf es gern mehrmals pro Woche sein. Kämmen Sie das Haar mit einem Flohkamm und striegeln Sie es danach mit einer Gummibürste. Es glänzt besonders schön, wenn Sie es abschließend noch mit einem Ledertuch oder einem feuchten Schwamm abwischen.

Langhaariger Chihuahua

Kurzhaariger Chihuahua

Wellness pur: Ist Ihr Chihuahua die Fellpflege gewohnt, kann er sie wie eine Massage genießen.

LANGHAAR-CHIHUAHUA

Bei der Geburt ist ein langhaariger Chihuahua nicht von einem kurzhaarigen zu unterscheiden. Der Unterschied macht sich erst nach einigen Tagen durch das stärkere Fellwachstum bemerkbar. Mit ca. sechs Wochen ist das flauschige Babyfell schon wunderschön entwickelt, manche Knirpse sehen dann aus wie kleine Fellkugeln.

Mit knapp vier Monaten fällt das Babyfell langsam wieder aus: Es wird immer dünner und nicht selten bleibt nur noch das glatte Deckhaar übrig. Von Fellknäuel keine Spur mehr, der Welpe sieht jetzt ziemlich gerupft aus. Keine Sorge, die Haarpracht wächst bald wieder nach, und mit allergrößter Wahrscheinlichkeit wird Ihr kleiner Chihuahua wieder tolles Fell haben, wenn er ca. ein Jahr alt ist. Doch nicht jeder Chihuahua ist gleich im Fell – der eine bekommt etwas mehr ab, der andere etwas weniger. Die Anlage dafür lässt sich meist schon mit einem halben Jahr erkennen. Bei den erwachsenen Chihuahuas hat ein Rüde in der Regel mehr Fell als eine Hündin, auch der wunderschöne Kragen fehlt den Hündinnen meistens.

Man sieht es einem Langhaar-Chihuahua an, ob seine Haarpracht regelmäßig gepflegt wird. Ich mache das mehrmals pro Woche, dann dauert es auch nicht länger als 5 Minuten. Zuerst kämme ich mit einem Flohkamm die langen und feinen Haare hinter den Ohren. Ist das Haar eines jungen Langhaar-Chihuahuas noch nicht so lang, kämme ich damit auch das restliche Fell. Ist es jedoch schon so lang und dicht, dass der Kamm nicht mehr ohne Weiteres durchgeht, nehme ich eine kleine Bürste mit Drahtzinken und gehe ganz sanft durchs Fell.

KASTRATION UND FELLVERÄNDERUNG

Durch eine Kastration kann sich vor allem das Fell langhaariger Chihuahuas verändern, es wird dann zum Beispiel struppiger oder wolliger.

Ups, das gibt eine besondere Duftnote. Nun heißt es: Ab in die Wanne und gründlich shampoonieren.

AB IN DIE BADEWANNE

Es wird selten notwendig sein, einen Chihuahua zu baden. Wenn es jedoch einmal sein muss, sollten Sie nur ein gutes Hundeshampoo verwenden, diese sind rückfettend und schonen die Haut. Shampoo muss immer gründlich mit warmem Wasser ausgespült werden: Achten Sie darauf, dass es nicht in die Augen und kein Wasser in die Ohren kommt. Bei sonnigem Wetter genügt es, die Hunde mit einem Handtuch anzutrocknen und kurz durchzukämmen. Den Rest erledigen die warme Luft und die Sonne. Ansonsten sollten Sie Ihren kleinen Vierbeiner föhnen.

TROCKEN RUBBELN

Beim Spaziergang im nassen Gras oder Schnee sind Chihuahuas schnell pitschnass. Bleibt der Knirps danach in Bewegung, ist das selten ein Problem. Kühlt er jedoch aus, weil er zum Beispiel nass im Körbchen oder Auto liegt, kann er sich erkälten, eine Blasenentzündung holen etc. Halten Sie deswegen im Auto und an der Haustür Handtücher bereit, damit Sie ihn trocken rubbeln können. So bleiben auch Ihr Auto und Ihre Wohnung sauber.

KÖRPERPFLEGE

Chihuahuas sind reinliche Hunde. Leben mehrere mit Ihnen zusammen, pflegen sie sich auch häufig untereinander und halten sich zum Beispiel gegenseitig Ohren und Augen sauber – ein Zeichen enger Vertrautheit. Trotzdem bleibt auch für Sie noch genug zu tun. Denn bei der regelmäßigen Beschäftigung mit dem Hund bleiben Ihnen Veränderungen oder Krankheitsanzeichen nicht verborgen, die von Ihnen versorgt oder vom Tierarzt behandelt werden müssen. Schauen Sie also genauer hin.

AUGENPFLEGE

Kontrollieren Sie täglich die Augen Ihres Chihuahuas – Unwohlsein können Sie oft schon an seinem Blick ablesen. Wenn nötig, wischen Sie das Sekret mit einem feuchten, fusselfreien Tuch ab. Achtung: Kamillenlösung schadet mehr als sie nutzt und führt oft zu Reizungen. Besser ist dann Augentrosttee (Euphrasia). Neigen die Augen zu vermehrtem Tränenfluss, entstehen unschöne Tränenspuren mit verfärbten Haaren. Fragen Sie Ihren Züchter, Zoofachhändler oder einen Hundefrisör, was Sie dagegen tun können. Auf jeden Fall sollten Sie die Augen und Augenwinkel dann möglichst oft reinigen, das beugt Verfärbungen vor.

Früher hatten Chihuahuas sehr große und vorstehende Augen und entsprechend häufig Probleme damit, zum Beispiel durch Verletzungen. Dieses Extrem ist heute glücklicherweise nicht mehr erwünscht und aus gesundheitlichen Gründen auch nicht mehr gern gesehen. Seriöse Züchter achten darauf.

Tränen die AugenIhres Hundes auffällig, muss der Tierarzt das untersuchen. Ursache kann vermehrte Tränenbildung sein, zum Beispiel durch eine Reizung oder Entzündung der Bindehäute (Zugluft vermeiden) oder durch am Auge reibende Wimpern. In anderen Fällen kann die Tränenflüssigkeit wegen enger oder verstopfter Tränenkanäle nicht richtig abfließen, zum Beispiel während oder nach einer Erkältung.

Plötzliches, heftiges Tränen kann durch eine Verletzung verursacht sein. Dann müssen Sie schnell handeln und Ihren Hund umgehend zum Tierarzt bringen: Bei Nichtbehandlung kann der kleine Liebling sogar blind werden!

Stellen Sie Ihren Chihuahua auch dem Tierarzt vor, wenn Sie andere Veränderungen an den Augen feststellen, beispielsweise Ausfluss, ein Auge gerötet oder geschwollen ist oder Ihr Hund es ständig zukneift.

GEBISSPFLEGE

Schon durch regelmäßiges Kauen auf Spielzeugen, Büffelhautknochen und Co. oder Knochen (bei Rohfütterung) werden die Zähne gereinigt. Doch gerade bei kleinen Hunden kann es durch die eng stehenden Zähne schnell zu Zahnstein kommen. Regelmäßiges Zähneputzen beugt dem vor. Mit etwas Übung ist das auch meist ganz einfach, wenn Sie dafür ein kleines Mullläppchen, spezielle Fingerpads oder eine spezielle Hundezahnbürste und Hundezahnpasta verwenden – und der Hund daran gewöhnt ist. Kontrollieren Sie auf jeden Fall einmal wöchentlich das Gebiss Ihres Chihuahuas, im Zahnwechsel auch öfter. Er muss dem Tierarzt vorgestellt werden, wenn Sie zum Beispiel eine Entzündung, eine Schwellung oder einen abgebrochenen Zahn bemerken, er häufig speichelt, nicht frisst oder üblen Mundgeruch hat.

Verschiedene Pflegewerkzeuge

Hat der Hund starken Zahnstein, darf das ebenfalls nicht ignoriert werden. Denn dadurch entstehen Bakterienherde, die zu schmerzhaften Entzündungen von Zähnen, Zahnfleisch sowie Zahnverlust führen und deren Giftstoffe in die Blutbahn gelangen und innere Organe schwer schädigen können. Zahnstein sollte deswegen vom Tierarzt entfernt werden, dazu bekommt der Hund meist eine Narkose.

Die ersten Milchzähnchen sind mit etwa 5 Wochen zu sehen. Ein vollständiges Milchgebiss hat 28 Zähne. Bei den Milchzähnen ist Putzen meist überflüssig, aber was Ihr Knirps im Welpenalter gelernt hat, klappt später viel besser. Ab ca. dem 4. Lebensmonat fangen die Welpen mit dem Umzahnen an. Meistens haben sie mit 6 bis 7 Monaten ihre Zähne vollständig gewechselt.

Es kann passieren, dass die Fangzähne des Milchgebisses noch nicht ausgefallen sind, die bleibenden aber schon durchbrechen und dann schief wachsen. Klären Sie dann mit dem Tierarzt ab, ob die Milchzähne gezogen werden müssen.

Ein bleibendes Hundegebiss sollte 42 Zähne haben, doch nicht bei jedem Chihuahua ist es vollständig und auch nicht jeder Verein verlangt ein vollständiges Gebiss. Der Rassestandard schreibt ein Scherengebiss (die Spitzen der oberen Schneidezähne liegen knapp vor den unteren) oder ein Zangengebiss (die Spitzen der oberen und der unteren Schneidezähne stoßen dabei genau aufeinander) vor.

ALLERGIEN

Hautprobleme oder Ohrenentzündungen können Anzeichen einer Futtermittel- oder einer anderen Allergie sein. Lassen Sie das bei chronischen Problemen vom Tierarzt untersuchen.

OHRENPFLEGE

Chihuahuas haben selten Probleme mit den Ohren – in den über 30 Jahren mit meinen Hunden ist das noch nie vorgekommen. Trotzdem sollten Sie die Ohren Ihres Hundes wöchentlich kontrollieren, um sicherzugehen, dass alles in Ordnung ist. Verschmutzungen in der Ohrmuschel können Sie mit einem Tuch und speziellem Ohrreiniger säubern. Schmutz im inneren Ohr sollte nur vom Tierarzt entfernt werden, sonst besteht die Gefahr, den Gehörgang zu verletzen oder Ablagerungen hineinzudrücken – besonders bei der Verwendung von Wattestäbchen. Ist das Ohr zum Beispiel gerötet, stark verschmutzt oder geschwollen, kratzt sich der Hund häufig daran oder hält den Kopf schief, sollte das vom Tierarzt abgeklärt werden. Kippohren stellen sich bis zum Alter von 6 Monaten meist auf.

PFOTENPFLEGE

Kontrollieren Sie wöchentlich die Pfoten auf Fremdkörper oder Auffälligkeiten, wenn nötig auch nach jedem Spaziergang. Duschen Sie die Pfoten, wenn Erde zwischen den Ballen steckt oder Sie im Winter mit Ihrem Hund auf mit Salz gestreuten Wegen unterwegs waren. Im Winter können Sie die Pfötchen mit Vaseline oder Pfotenschutzcreme eincremen und damit schützen. Beim langhaarigen Chihuahua sollten Sie lange Haare zwischen den Ballen kürzen. Die Krallen werden oft zu lang und sollten entsprechend mit einer Krallenschere oder -zange gekürzt werden. Vorsicht: Nicht die Blutgefäße verletzen. Wenn der Hund helle Krallen hat, können Sie den durchbluteten Teil deutlich sehen, nicht jedoch bei dunklen Krallen. Lassen Sie sich dann das Kürzen vom Züchter oder Tierarzt zeigen oder überlassen Sie es ganz den Fachleuten.

01

02

03

ANALDRÜSEN UND GESCHLECHTSTEILE

Die Analdrüsen sind zwei seitlich vom After befindliche Drüsen, die sich im Normalfall bei Kotabsatz regelmäßig leeren. Wenn dies nicht möglich ist (zum Beispiel bei zu weichem Kot), entsteht Juckreiz, der Hund leckt sich den After, „jagt" seinen Schwanz und/oder „fährt Schlitten", indem er seinen Po über den Boden schiebt. Gehen Sie spätestens dann zum Tierarzt, damit dieser die Drüsen ausdrücken kann. Unbehandelt kann eine Entzündung und schlimmstenfalls ein sehr schmerzhafter Analbeutelabszess entstehen.
Sind die Geschlechtsteile oder der After verschmutzt, müssen sie mit einem feuchten, weichen Tuch gereinigt werden. Ausfluss kann harmlos sein, zum Beispiel bei der Läufigkeit der Hündin, sollte aber immer schnell vom Tierarzt abgeklärt werden, um eine Erkrankung ausschließen bzw. behandeln zu können.

HYGIENE RUNDUM

Nicht nur der Hund soll gepflegt und sauber sein, Gleiches gilt auch für seine Liegeplätze, Fress- und Trinknäpfe, Spielzeuge und Pflegeutensilien. Nur bei entsprechender Pflege von Hund und Umgebung vermeiden Sie unangenehme Gerüche und beugen Parasiten vor.

01 Regelmäßige Zahnkontrolle ist wichtig. Gewöhnen Sie schon den Welpen spielerisch daran, so ist das später ganz normal für ihn.

02 Natürlich werden die Zähne regelmäßig gereinigt. Dafür gibt es verschiedene Möglichkeiten. Einfach geht es mit speziellen Pads.

03 Der prüfende Blick in die Ohren darf nicht fehlen. Reinigen müssen Sie die Ohren nur dann, wenn sie verschmutzt sind.

Gute Pflege und medizinische Versorgung sind die Basis für ein langes, glückliches Hundeleben.

GESUNDHEITSVORSORGE

Ein gesunder Chihuahua mit einem Gewicht von über 2 Kilogramm kann ein hohes Lebensalter erreichen: 14 Jahre sind nicht selten und manche werden noch älter. Neben Ihrer guten Pflege ist auch die gründliche tierärztliche Untersuchung mindestens einmal pro Jahr unerlässlich zur Vermeidung oder Früherkennung von Krankheiten.

Bei der Geburt ist der Welpe durch die in der Kolostralmilch enthaltenen Antikörper über die Mutter vor vielen Infektionskrankheiten geschützt. In der Muttermilch können jedoch nur Antikörper enthalten sein, wenn die Hündin diese gebildet hat, zum Beispiel durch entsprechende Impfung. Achten Sie deswegen darauf, dass die Hundemutter über einen kompletten Impfschutz verfügt. Der Schutz durch die Antikörper der Kolostralmilch nimmt mit der Zeit ab.

IMPFUNGEN

Impfungen schützen Ihren Hund vor oft tödlichen Erkrankungen. Viele dieser Krankheiten schienen schon fast ausgemerzt, treten aber wieder vermehrt auf. Eingeschleppt werden sie zum Beispiel durch kranke Welpen, die illegal aus dem Ausland eingeführt oder mit gefälschten Impfnachweisen ausgestattet wurden, dazu kommt die zunehmende „Impfmüdigkeit" vieler Hundehalter. Achten Sie beim Kauf unbedingt auf vollständige und glaubwürdige Impfpapiere – zum Schutz Ihres Hundes und der anderen. Durch die Injektion von abgeschwächten oder abgetöteten Krankheitserregern kann das Immunsystem spezielle Antikörper bilden und im Ernstfall besser reagieren. Die Vorteile überwiegen deutlich, trotzdem ist eine Impfung immer eine Belastung für den Hund. Es kann zu unerwünschten Reaktionen kommen, die in den allermeisten Fällen aber nicht schwerwiegend sind, zum Beispiel eine vorübergehende „Impfbeule". Daher ist es so wichtig, dass der Tierarzt den Hund vorher genau untersucht und nur gesunde und parasitenfreie Hunde geimpft werden.

Wichtig!
Um die Belastung durch eine Impfung möglichst gering zu halten, bietet sich statt Kombinationsimpfungen gegen viele Erkrankungen die Aufteilung der Impfungen an.
Am Tag der Impfung und am Tag danach sollte der Hund unbedingt geschont werden.

NOTWENDIGE IMPFUNGEN

Anstecken können Hunde sich je nach Erreger zum Beispiel direkt bei infizierten Tieren, indirekt über das Beschnüffeln von Kot, das Trinken kontaminierten Wassers aus Pfützen oder Seen oder über Erreger, die an Schuhen in die Wohnung gebracht wurden.

Staupe (S) Fiebrige, lebensgefährliche Virusinfektion.

Hepatitis Contagiosa Canis (HCC) Leberentzündung, das Virus ist hochansteckend.

Parvovirose (P) Hochansteckende Virusinfektion meist mit starken Durchfällen.

Leptospirose (L) Auch für Menschen ansteckende bakterielle Infektion.

Tollwut (T) Auch für Menschen ansteckende tödliche Virusinfektion. Bei Tollwutverdacht kann ein ungeimpfter Hund auf behördliche Veranlassung getötet werden! Eine gültige Tollwutimpfung ist eine Voraussetzung für Auslandsreisen mit Hund und für den Besuch der meisten Hundeveranstaltungen.

Ohne Impfung keine Teilnahme am Welpenkurs.

Mit der ersten Muttermilch nimmt der Welpe Antikörper auf.

Ob Impfungen gegen weitere Erkrankungen sinnvoll sind, zum Beispiel Zwingerhusten, sollte mit dem Tierarzt besprochen werden.

GRUNDIMMUNISIERUNG UND FOLGEIMPFUNGEN

Die Grundimmunisierung besteht aus mehreren Impfungen und ist mit der Impfung im Alter von 15 Monaten abgeschlossen. Sie legt die Basis für den Impfschutz und ist unerlässlich. Bei der Abgabe sollte ein Welpe mindestens einmal geimpft sein. Alle weiteren Impfungen dienen der Schutzauffrischung. Wie oft das vorgenommen wird, hängt von der Art der Impfung, der Herstellerangabe und der Gefährdung ab. Anzustreben ist natürlich ein großer Schutz bei möglichst wenigen Impfungen. Besprechen Sie mit dem Züchter und dem Tierarzt, wann welche Impfung notwendig ist.

Titerprüfung

Um festzustellen, ob ein Hund noch genügend Antikörper gegen eine bestimmte Erkrankung hat, kann mit einer Blutuntersuchung der „Titer“ und somit der optimale Impfzeitpunkt bestimmt werden. Ihr Tierarzt wird Ihnen das gern näher erläutern.

PARASITEN

Parasiten können trotz bester Pflege Hund und Mensch das Leben schwer machen. Von Ihrem Tierarzt bekommen Sie Mittel, die das Risiko eines Floh-, Zecken- oder Milbenbefalls reduzieren bzw. bei einem Parasitenbefall helfen. Zur Vorbeugung unerlässlich: Hygiene im Hundehaushalt.

FLÖHE

Ein Flohbefall muss zügig behandelt werden – am Hund und in der direkten Umgebung, wie Liegeplätzen, Wohntextilien etc., denn Flöhe können den Hund mit Würmern infizieren, Allergien auslösen und Hautprobleme verursachen. Kratzt Ihr Chihuahua sich auffällig oft, kämmen Sie ihn mit einem Flohkamm. Auf einem weißen Papiertuch ausgeklopft, finden Sie dann die Blutsauger oder – wie dunkle Krümel aussehend und angefeuchtet rotbraun gefärbt – den Flohkot.

ZECKEN

Zecken warten zum Beispiel in Wiesen und im Unterholz auf ihre nächste Mahlzeit. Sie setzen sich am Hund (auch am Menschen) fest, saugen Blut und fallen vollgesogen wieder ab. Ist die Zecke jedoch mit Krankheitserregern infiziert, kann ihr Biss schlimme Folgen haben: Je nach Zeckenart können Borreliose (führt u. a. zu Gelenkentzündungen) und Frühsommer-Meningoenzephalitis (FSME, Hirnhautentzündung), Babesiose („Hundemalaria", zerstört die roten Blutkörperchen) und andere Erkrankungen übertragen werden.
Suchen Sie den Hund von Frühjahr bis Herbst nach jedem Spaziergang ab und entfernen Sie Zecken möglichst schnell mit einem speziellen Werkzeug wie einer Pinzette oder einem Haken. Je länger sie am Hund verbleiben, desto höher ist die Gefahr einer Infektion. Geben Sie weder Alkohol, Öl, Kleber etc. auf die Zecke, setzen Sie den

Parasiten gehören zum normalen Alltagsrisiko. Im hohen Gras lauern beispielsweise häufig Zecken.

Ansatz des Werkzeugs zwischen Haut des Hundes und Kopf der Zecke an und ziehen Sie sie beherzt heraus, ohne sie zu quetschen und möglichst mit Kopf. Desinfizieren Sie dann die Bissstelle.

MILBEN

Milben sind überall, viele können andere Tiere und Menschen befallen. Sie können Juckreiz auslösen, manche auch Allergien, zum Beispiel Hausstaub- oder Herbstgrasmilben. Letztere sehen aus wie orangefarbene Punkte, leben im Gras, befallen meist die Hundepfoten und können zu Entzündungen führen. Sarcoptes-Milben verursachen Räude. Demodex-Milben (Haarbalgmilben) können vor allem bei immungeschwächten und jungen Hunden starke Hautprobleme mit Haarausfall und Hautveränderungen verursachen. Otodectes-Milben rufen häufig Ohrentzündungen hervor, begleitet von dunklem, übel riechendem Sekret. Raubmilben, auch „Wanderschuppen" genannt, führen zu sehr unangenehmen Hautentzündungen.

WÜRMER

Spul-, Haken-, Peitschen- und Bandwürmer werden durch das Fressen von Mäusen, das Fressen oder Beschnuppern von kontaminiertem Kot oder auf anderen Wegen übertragen, viele sind auch für den Menschen gefährlich. Es gibt kein Präparat, das Wurmbefall vorbeugt. Die regelmäßige Entwurmung dient der Bekämpfung vorhandener Würmer. Besprechen Sie mit dem Tierarzt, welche Präparate er dafür empfiehlt und ob Sie in regelmäßigen Intervallen entwurmen sollen oder nur dann, wenn ein Wurmbefall bei einer Kotuntersuchung festgestellt wurde.

Risikominimierung für Mensch und Hund

- Den Hund kein Aas, Mäuse oder Kot fressen lassen,
- Kot im Garten sofort entfernen,
- Flohprophylaxe,
- den Hund baden, wenn er sich in Kot oder Aas gewälzt hat,
- nach Hundekontakt Hände waschen,
- nicht das Gesicht ablecken lassen.

GIARDIEN

Mit diesen einzelligen Darmparasiten kann sich Ihr Chihuahua durch das Trinken kontaminierten Wassers in Pfützen, Teichen etc., über Kot, Aas und Hundekontakt anstecken. Ein infizierter Hund scheidet die Einzeller in jedem Fall aus und ist somit eine Ansteckungsquelle für Mensch und Hund, aber nicht jeder zeigt Krankheitsanzeichen. Erkrankte Hunde erbrechen und haben Durchfälle, die auch blutig und schleimig sein können. Lassen Sie Ihren Chihuahua bei einem Verdacht vom Tierarzt untersuchen und behandeln. Bringen Sie dazu nach Absprache eine oder mehrere Kotproben mit.

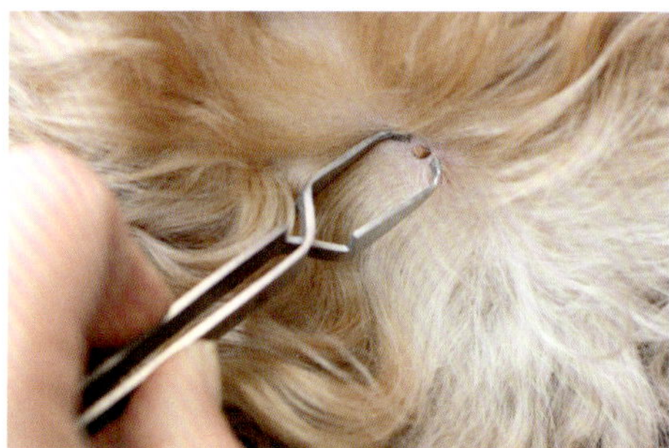

Die Zecke direkt über der Haut fixieren.

Beherzt herausziehen, ohne sie zu quetschen.

Der Geruch verrät einem Hund viel über den Artgenossen, unter anderem auch den Hormonstatus.

SEXUALITÄT

Rüde oder Hündin – gute Gefährten sind beide. Je nach Geschlecht müssen Sie aber bei Haltung und Pflege auf andere Punkte achten.

DIE HÜNDIN

Im Alter von 6 bis 12 Monaten tritt die erste Läufigkeit ein, bei den meisten Chihuahua-Hündinnen mit 8 Monaten. Sie erkennen das am Anschwellen der Vulva und am blutigen Scheidenausfluss, auch das Verhalten kann sich ändern. Nach etwa 8 bis 10 Tagen wird der Ausfluss heller und die Hündin ist nun ca. 10 Tage lang empfängnisbereit (Standhitze). Die meisten Chihuahua-Hündinnen werden alle 6 Monate läufig, manche aber auch nur einmal im Jahr.

Während der Läufigkeit hält die Hündin sich selbst meist penibel sauber und benötigt nur selten zusätzliche Pflege. Spezielle Schutzhöschen für die läufige Hündin können verhindern, dass sie in der Wohnung Blutstropfen verliert, erschweren ihr aber auch die Körperpflege. Ist die Hündin alle 3 bis 4 Monate läufig, sollten Sie vom Tierarzt untersuchen lassen, ob eine Hormonstörung vorliegt.

PAARUNG UND TRÄCHTIGKEIT

Ganz wichtig ist natürlich, dass Sie während der Standhitze darauf achten, dass Ihre Hündin keinen ungebetenen Besuch verliebter Rüden bekommt und sich Nachwuchs einstellt. Lassen Sie das „heiße Mädchen“ beim Spazierengehen nicht aus den Augen und nicht von der Leine. Leben unkastrierte Rüden in Ihrem Haushalt, müssen die Hunde während dieser Zeit strikt getrennt werden.

Die Dauer der Empfängnisbereitschaft kann variieren – fangen Sie also etwas früher mit dem Aufpassen und Trennen an, um auf Nummer sicher zu gehen. Denn wenn es einem Verehrer gelingt, Ihre Hündin zu verführen, ist es zu spät: Während der bis zu einer Stunde dauernden Paarung schwillt der Penis in der Scheide an – dies wird als „Hängen" bezeichnet. Die Hunde dürfen nicht getrennt werden, bis sie von selbst wieder auseinandergehen, sonst kann es zu schweren Verletzungen bei beiden kommen! Ist es doch passiert, kann der Tierarzt mit einer Hormonbehandlung eine eventuelle Trächtigkeit abbrechen. Oder Sie haben nach ca. 56 bis 63 Tagen (so lange dauert in der Regel die Trächtigkeit beim Chihuahua) ein paar Hunde mehr im Haus.

SCHEINTRÄCHTIGKEIT/SCHEINMUTTERSCHAFT

Hat sich eine Hündin nicht gepaart, macht sie eine Scheinträchtigkeit bzw. Scheinmutterschaft durch. Das ist ganz normal, hat seinen Grund in hormonellen Veränderungen und verläuft oft ganz unauffällig. Manche Hündinnen zeigen jedoch starke Wesensveränderungen, bauen nach 7 oder 8 Wochen ein Nest, bilden Milch und kümmern sich um Stofftiere, als wären es ihre Welpen. Zeigt Ihre Hündin diese Anzeichen, sollten Sie sie mit Spaziergängen und Beschäftigung ablenken und ihr die Spielzeuge entziehen. Homöopathische und pflanzliche Mittel wirken oft regulierend. Schwillt das Gesäuge stark an, helfen Umschläge mit essigsaurer Tonerde. Es ist jedoch entzündet, wenn es stark gerötet, heiß und/oder hart ist: Dann muss die Hündin dem Tierarzt vorgestellt werden. Zeigt Ihre Hündin häufiger heftige Scheinmutterschaften, sollte eine Kastration in Erwägung gezogen werden.

Bald ist es soweit, diese Hündin steht kurz vor der Geburt.

NOTFALL GEBÄRMUTTERENTZÜNDUNG!

Gelangen Bakterien in die Gebärmutter, kann dies zu einer **Entzündung und Vereiterung** führen. Oft tritt das 2 bis 12 Wochen nach der Läufigkeit auf. Die Behandlung erfolgt meist durch eine Kastration mit Entfernung der Gebärmutter.
Erste Anzeichen sind Müdigkeit, Appetitlosigkeit und vermehrtes Trinken, oft auch Fieber, Erbrechen oder Durchfall. Im Gegensatz zur geschlossenen Gebärmuttervereiterung tritt bei der offenen Ausfluss aus der Scheide aus, die Hündin leckt sich dann dort vermehrt. Mit zunehmender Erkrankung verschlechtert sich der Allgemeinzustand rapide.

Wichtig! Dies ist immer ein lebensbedrohlicher Notfall und muss schnellstmöglich behandelt werden: Warten Sie nicht bis zum nächsten Tag, sondern bringen Sie die Hündin bei den ersten Anzeichen zum Tierarzt!

CHEMISCHE LÄUFIGKEITSUNTERDRÜCKUNG

Der Tierarzt injiziert der Hündin Hormone, damit die Läufigkeit unterdrückt wird. Diese Methode ist weniger empfehlenswert, da sie in den Hormonhaushalt eingreift und das Risiko von Gebärmuttererkrankungen und Diabetes mellitus steigt.

DER RÜDE

Die meisten Chihuahua-Rüden werden mit 6 bis 8 Monaten geschlechtsreif, selten auch früher – das erste Markieren mit Beinheben kann ein Anzeichen dafür sein. Sie interessieren sich nun mehr für das andere Geschlecht, vor allem dann, wenn eine Hündin läufig ist.

Besteigen anderer Hunde hat nicht nur sexuelle Gründe, sondern kann auch beim Spiel, bei Aufregung oder Stress oder als Dominanzgeste gezeigt werden. Wird häufiges Aufsteigen zum Problem, sollte zusammen mit einem guten Hundetrainer und einem Tierarzt nach dem Grund gesucht werden. Oft kann ein Verhaltenstraining helfen. Eventuell ist in manchen Fällen aber auch eine Kastration oder eine Hormonbehandlung (chemische Kastration) sinnvoll. Dabei wird ein Implantat mit einem synthetisch hergestellten Hormon unter die Haut gesetzt, die Produktion eigener Geschlechtshormone stark gemindert und der Rüde ist nach einigen Wochen unfruchtbar. Dies kann ein guter Testlauf der Verhaltensentwicklung und Nebenwirkungen einer operativen Kastration oder eine Alternative für

NICHT ABGESTIEGENE HODEN

Was tun bei Kryptorchismus? Nicht bei jedem Rüden steigen im Welpenalter beide Hoden in den Hodensack ab, einer oder beide können dauerhaft im Bauchraum oder in der Leiste verbleiben. Dies nennt man „Kryptorchismus". Nicht abgestiegene Hoden können zu Hormonstörungen führen oder Tumoren bilden. Daher empfiehlt sich die operative Entfernung dieser Hoden spätestens bis zum Alter von 18 Monaten.

Viele Rüden markieren auch noch nach einer Kastration dort, wo es ihnen wichtig ist.

Hunde sein, die keine Narkose vertragen. Je nach Präparat dauert die Wirkung des Implantats 6 bis 12 Monate an, danach ist der Rüde meist wieder „der Alte", die Hoden bleiben jedoch manchmal kleiner.

STERILISATION & KASTRATION

Bei einer Sterilisation wird die Fortpflanzung durch Abbinden der Samenleiter beim Rüden bzw. bei der Hündin der Eileiter verhindert. Das Sexualverhalten ändert sich hierbei nicht, die Hündin wird auch künftig läufig.
Eine Kastration ist ein wesentlich größerer Eingriff, sowohl was die Operation als auch den Hormonhaushalt betrifft. Rüden werden die Hoden entfernt, Hündinnen die Eierstöcke. Der Rüde kann trotzdem noch mehrere Wochen lang fortpflanzungsfähig sein. Fellveränderungen treten besonders oft bei langhaarigen Chihuahuas auf. Der Hund benötigt weniger Energie, bei gleicher Futteraufnahme nimmt er zu. Es kommt häufiger zu Übergewicht, Schilddrüsenstörungen und weiteren Erkrankungen, auch das Verhalten kann sich ändern.
Eine Kastration darf nicht ohne zwingenden Grund vorgenommen werden, in den meisten Fällen ist das dann medizinisch begründet. Wird eine Kastration wegen Verhaltensproblemen des Hundes in Erwägung gezogen, sollten Sie sich vorher mit einem spezialisierten Tierarzt und einem erfahrenen Hundetrainer beraten. Denn es ist nicht garantiert, dass sich das Verhalten des Hundes in der gewünschten Weise ändert. Wichtig ist immer ein professionell begleitetes Verhaltenstraining.

DER KRANKE CHIHUAHUA

Jeder Vierbeiner kann einmal krank werden. Wenden Sie sich dann vertrauensvoll an Ihren Tierarzt, damit es Ihrem Chihuahua schnell wieder besser geht.

HILFE BEKOMMEN

Der Tierarzt ist immer Ihr erster Ansprechpartner. Schildern Sie ihm genau, was Ihnen an Ihrem Hund aufgefallen ist und seit wann, ob dem bestimmte Ereignisse (wie eine Futterumstellung oder großer Stress) vorausgegangen sind, ob er wie gewohnt trinkt, frisst und Kot absetzt und ob er Medikamente bekommt (Packungen mitnehmen). Halten Sie sich genau an seine Anweisungen, fragen Sie nach, wenn Sie etwas nicht verstehen, und machen Sie sich ggf. Notizen. Ein guter Tierarzt überweist an einen spezialisierten Fachkollegen oder eine Tierklinik, wenn die Behandlung seine Möglichkeiten übersteigt. Kümmern Sie sich liebevoll um Ihren kleinen Patienten, das trägt viel zu seiner Genesung bei.
Zur unterstützenden Therapie bei einer Erkrankung des Vierbeiners machen immer mehr Hundehalter gute Erfahrungen mit zusätzlichen Behandlungsmethoden, zum Beispiel Homöopathie. Fragen Sie Ihren Tierarzt oder Ihnen bekannte Hundehalter nach einem guten Therapeuten, wenn Sie sich das auch für Ihren Chihuahua vorstellen können. Auch die begleitende Behandlung bei einem Physiotherapeuten hat schon vielen Hunden mit Problemen am Bewegungsapparat geholfen.
Eine Notfallapotheke für Ihren Chihuahua sollte immer griffbereit sein! Stellen Sie in Absprache mit Ihrem Tierarzt und ggf. Tierheilpraktiker eine für zu Hause und eine für unterwegs zusammen.

RICHTIG REAGIEREN

Nicht immer, wenn ein Hund sich unwohl fühlt, ist er auch krank. Lernen Sie, solch eine Situation richtig einzuschätzen und zu erkennen, ob ein Tierarztbesuch nötig ist oder nicht.
Grundsätzlich gilt: Besser einmal zu oft den Tierarzt kontaktieren, als einmal zu lange zu warten. Und immer dann, wenn Sie sich nicht sicher sind. Gerade bei einem so kleinen Hund wie dem Chihuahua kann schnelles Handeln lebensrettend sein. Und bei einem Welpen müssen Sie noch vorsichtiger sein, denn Durchfälle und/oder Erbrechen können ihn schnell schwächen und zur Austrocknung führen.
Kurzzeitiger Durchfall oder Erbrechen ist kein Grund zur Sorge, solange es nicht heftig ist, sich sein Allgemeinzustand nicht verschlechtert und keine anderen Krankheitsanzeichen dazukommen. Messen Sie daher im Zweifelsfall dann Fieber. Auf der folgenden Seite finden Sie Anhaltspunkte für die richtige Reaktion bei einigen Krankheitszeichen, diese erheben aber keinen Anspruch auf Vollständigkeit. Achten Sie ggf. auch auf nicht aufgeführte Zeichen. **Stellen Sie Ihren Hund innerhalb der angegebenen Zeiträume dem Tierarzt vor – fallen Ihnen jedoch weitere Veränderungen oder Krankheitsanzeichen auf, dann früher. Kontaktieren Sie bei einem Notfall sofort den Tierarzt, um weitere Instruktionen zu erhalten. Ist seine Praxis geschlossen, kontaktieren Sie dann ggf. eine Tierklinik.**

☞ NOTFÄLLE

Sofort den Tierarzt kontaktieren!

— Allergische Reaktionen
— Atembeschwerden oder Atemnot
— Auge, jede Veränderung
— Bauch aufgebläht und/oder Bauchdecke hart
— Bewegungsvermeidung
— Blutungen, Verletzungen
— Desorientierung, Ohnmacht, Torkeln
— Durchfall, anhaltend, heftig oder blutig (Kotprobe mitnehmen)
— Erbrechen, ständig, blutig (Probe des Erbrochenen mitnehmen) oder erfolglos
— Fremdkörper im Auge, Ohr, Nase, Rachen, Verdauungstrakt
— Harn, blutig, dunkel oder ausbleibend (Harnprobe mitnehmen)
— Insektenstiche im Mund-/Rachenraum
— Krämpfe, Krampfanfälle
— Lähmungen
— Nasenausfluss, stark oder blutig
— Scheidenausfluss der Hündin (außerhalb der Läufigkeit)
— Schock (u. a. blasse Schleimhäute, Zittern, schwacher und schneller Puls, Hund fühlt sich kalt an)
— Schmerzen, stark
— Schwellung, plötzlich und/oder schmerzhaft
— Vergiftungsverdacht (möglichst eine Probe der Substanz mitbringen)
— Verstopfung, schmerzhaft und/oder mit Erbrechen

Innerhalb eines Tages zum Tierarzt!

— Bewegungsstörungen, z. B. starkes Lahmen
— Durst, der Hund trinkt plötzlich auffällig mehr oder weniger
— Erbrechen, anhaltend
— Harnabsetzen häufig oder beschwerlich (Harnprobe mitnehmen)
— Husten, anhaltend oder stark
— Kopf wird häufig geschüttelt oder schief gehalten
— Körpertemperatur über 39,3 °C oder unter 38 °C
— Niesen, häufiges
— Penisausfluss des Rüden
— Schlittenfahren (Hund rutscht mit Po über den Boden)
— Schmerzen, anhaltend (z. B. ständiges Hecheln, Berührungsempfindlichkeit, gewölbter Rücken, Unruhe, Zähneknirschen, ständiges Belecken einer Körperstelle, starkes Speicheln und Zittern)
— Verhaltensveränderung, auffällig (z. B. ständige Unruhe, plötzliche Unsicherheit oder Aggression, stark gesteigertes Schlafbedürfnis)
— Verstopfung seit mehr als zwei Tagen

Innerhalb vom zwei Tagen zum Tierarzt!

— Abmagerung
— Bewegungseinschränkung, z. B. leichtes Lahmen
— veränderte Futteraufnahme, Hund frisst plötzlich auffällig mehr oder weniger
— Inkontinenz (Harn-, bzw. Kotprobe mitnehmen)
— Juckreiz und alle bei der Pflege festgestellten Veränderungen, solange sie kein Notfall sind

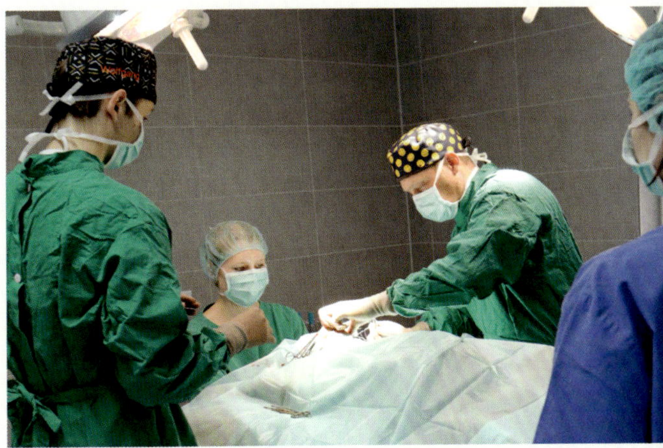

Im Notfall zählt jede Sekunde: Kündigen Sie sich beim Tierarzt an.

ERSTE HILFE

Erkundigen Sie sich bei Ihrem Tierarzt, in der Hundeschule oder beim Tierheim nach Erste-Hilfe-Kursen für Hundehalter. Schnelles Handeln – wenn es darauf ankommt – kann lebensrettend für Ihren Chihuahua sein. Und so wissen Sie dann genau, worauf Sie achten müssen. Speichern Sie unbedingt die Telefonnummern Ihres Tierarztes und der nächsten Tierklinik in Ihre Telefone ein.

TABLETTEN, TROPFEN & CO.

Bei der Verabreichung von Medikamenten ist es wichtig, sich genau an die Vorgaben des Tierarztes zu halten. Werden Tabletten in etwas Leckeres wie Wurst oder Käse gesteckt, nehmen die meisten Hunde sie ganz problemlos ein. Klappt das nicht, legen Sie Ihrem Chihuahua die Tablette auf den hinteren Bereich der Zunge, halten seinen Fang zu, heben den Kopf leicht an und streicheln über seinen Hals, damit der Hund schluckt. So wird auch flüssige Arznei direkt mit einer Spitze (ohne Nadel!) eingegeben. Nach dem Auftragen von Salben sollten Sie Ihren Zwerg ablenken oder die Stelle mit einem lockeren Verband abdecken, damit er sie nicht ableckt.

ALTERNATIVMEDIZIN

Ein Chihuahua und ein Labrador: Beide sind Hunde. Dabei aber so unterschiedlich. Wir behandeln unsere Hunde in bestimmten Fällen aus Überzeugung und positiver Erfahrung gerne mit alternativer Medizin, wissen aber auch, dass es dabei Grenzen gibt. Doch wir fragten uns: Kann ein Chihuahua genau wie ein Labrador uneingeschränkt mit alternativer Medizin, z. B. Homöopathie, Akupunktur, Heilpilzen etc., behandelt werden?
Antwort von Heilpraktikerin Theresa Diehl: Ja, auch so ein kleiner Chihuahua kann von der ganzen Bandbreite der alternativen Medizin profitieren. Manche Behandlungen erfolgen sogar 1:1, wie bei der klassischen Homöopathie, andere werden in der Anwendung oder Dosierung auf das geringere Gewicht bzw. den schnelleren Stoffwechsel ggü. größeren Hunden angepasst. Es gibt z. B. extrakleine Akupunkturnadeln, mit denen auch die filigranen Pfötchen eines Chihuahuas akupunktiert werden können. Bei jeder Behandlung ist wichtig, dass die Behandlung bzw. die Anleitung zur weiterführenden Selbstbehandlung durch einen guten Therapeuten erfolgt. Denn gerade bei so kleinen Hunden kann eine falsche Anwendung oder Dosierung auch Schaden verursachen.
Theresa Diehl von Equica-Health aus Ehringshausen ist geprüfte Tierheilpraktikerin und befindet sich gerade in der Weiterbildung zur Tierphysiotherapeutin.

KRANKHEITS-DISPOSITIONEN

Ein guter Züchter strebt nicht nach Extremen oder rennt Trends hinterher, sondern bemüht sich vor allem, gesunde Hunde zu züchten. Deswegen setzt er bei seinen Zuchttieren hohe Maßstäbe an und sucht sie sorgfältig aus – inklusive Ahnenforschung und dem Überprüfen der Linien nach möglichen Gesundheitsfehlern. Denn für ihn ist es enorm wichtig, sich keine Gesundheitsprobleme in seine Zucht hineinzuholen.
Aus gutem Grund züchtet er keine winzigen Teacup-Chihuahuas, auch wenn der Markt danach schreit. Denn diese Hunde haben ein ungleich höheres Risiko, krank zu werden und früh zu sterben. Krankheiten, die oft mit dem Chihuahua in Verbindung gebracht

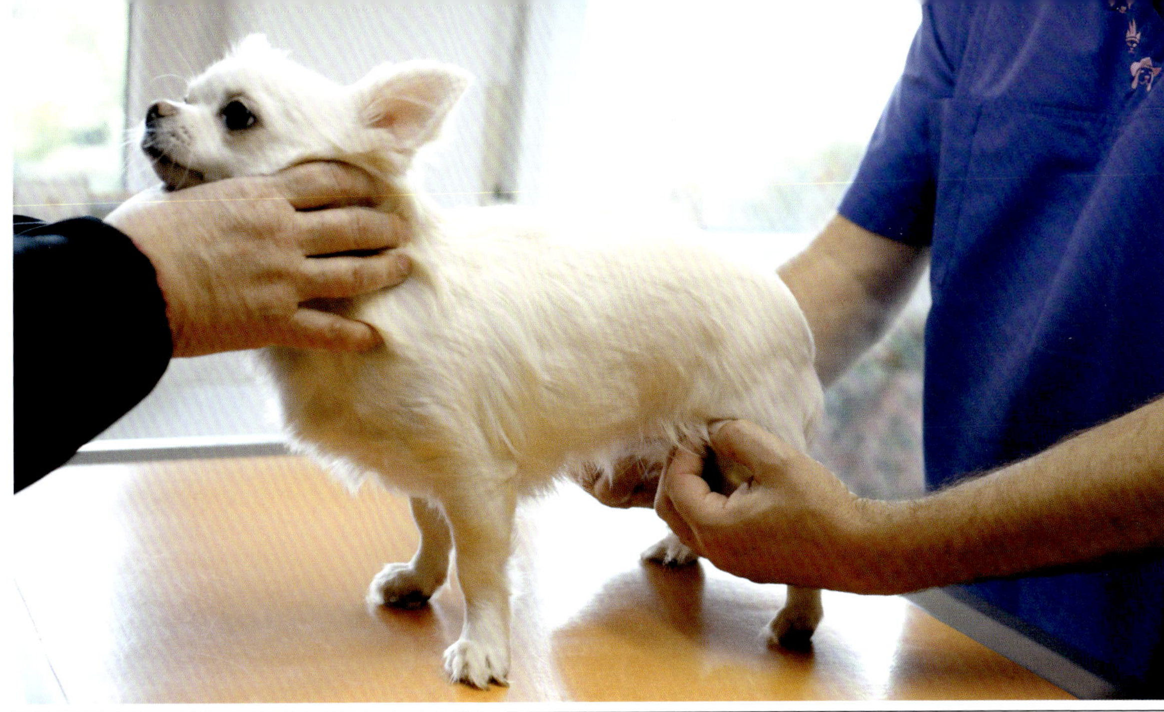

Patellaluxation ist häufig bei kleinen Hunden. Der Tierarzt untersucht die Knie: alles in Ordnung.

werden, wie Wasserkopf und Epilepsie, sind bei diesen Extremzuchten um ein Vielfaches wahrscheinlicher – bei vielen guten Züchtern aber noch nie aufgetreten. Und so wird durch verantwortungslose Qualzüchter der Ruf einer ganzen Rasse geschädigt. Für einen guten Züchter ist die Gesundheit der Hunde immer sein oberstes Ziel.

In den Rassezuchtvereinen unter der Federführung des VDH hat sich viel getan. Der extrem runde Kopf und vorstehende Glubschaugen werden nicht mehr gern gesehen, Zuchtziel sind robustere und gesündere Hunde, die jeweiligen Zuchtordnungen der Vereine geben den Rahmen vor. Doch auch ein Hund von einem wirklich guten Züchter kann unter dem Idealgewicht bleiben oder krank werden. Aber der Züchter züchtet nur mit gesunden Hunden, die mehr als 2 Kilogramm wiegen, er gibt nur gesunde Hunde ab, und er lässt die Welpenkäufer nicht im Regen stehen, wenn es später doch einmal Probleme mit dem Hund gibt.

Für manche Krankheiten ist die Rasse disponiert, zum Beispiel die unten aufgeführten. Das heißt aber bei Weitem nicht, dass jeder Chihuahua daran erkrankt.

PATELLALUXATION

So wird die Verschiebung oder Verrenkung (Luxation) einer Kniescheibe (Patella) bezeichnet. Sie betrifft vor allem Hunde kleiner Rassen, nicht nur den Chihuahua. Je nach Ausprägung lahmt der Hund nur gelegentlich, hüpft auf drei Beinen oder vermeidet jede Belastung des betroffenen Beins. Dies kann an einem Bein oder an beiden in verschiedenen Schweregraden und mit unterschiedlich starken Schmerzen auftreten. Eine schwere Patellaluxation wird chirurgisch behandelt.

Bei einem PL-0-Befund ist der untersuchte Hund frei von Patellaluxation, die weitere Einstufung reicht von PL 1 (leichter Befund) bis zu PL 4 (schwere Erkrankung). Neben anderen Ursachen kann sie erblich sein. Daher wird für die Zuchtzulassung eines Chihuahuas in einem VDH-Verein auch eine Untersuchung der Knie verlangt, die nur von einem autorisierten Tierarzt vorgenommen werden darf. Gezüchtet werden darf nur, wenn die Elterntiere des geplanten Wurfs je nach Verein folgenden Befund haben: beide Elterntiere PL 0 oder ein Elternteil PL 0 und das andere PL 1. Leider können auch PL-0-Hunde die Erkrankung vererben, doch ein guter Züchter wird alles daransetzen, das Risiko so gering wie möglich zu halten. Lassen Sie sich beim Chihuahua-Kauf immer die Patella-Untersuchungsergebnisse der Elterntiere zeigen.

OFFENE FONTANELLE

Bei der Geburt haben alle Wirbeltiere Lücken zwischen den benachbarten Schädelplatten im Schädeldach – bezeichnet als Fontanellen. In diesen Lücken fehlt das stabile Knochengewebe, dort findet sich nur Bindegewebe. Das macht die Platten flexibel, sie können sich zum Beispiel bei ihrem Weg durch das mütterliche Becken übereinanderschieben und so die Geburt erleichtern. Mit zunehmendem Alter werden die Fontanellen immer kleiner, bis sie schließlich ganz geschlossen sind.

Beim Chihuahua sollte das spätestens im Alter von einem Jahr der Fall sein. Doch vor allem bei Hunden unter 2 Kilogramm kann eine Fontanelle in der Schädeldecke bestehen bleiben. Je kleiner der Hund im Erwachsenenalter ist, desto größer ist das Risiko einer bleibenden Lücke, die dann auch relativ groß sein kann.

Heute werden nur Hunde mit geschlossener Fontanelle zur Zucht zugelassen – je nach Verein gibt es Ausnahmen, zum Beispiel bei einem Elterntier die Toleranz einer Fontanelle, die kleiner als 8 Millimeter ist.

HERZINSUFFIZIENZ

Die Herzinsuffizienz beschreibt eine Schwäche (Insuffizienz) des Herzens. Ursache ist oft ein Herzklappenfehler. Schließt die Herzklappe zwischen linkem Vorhof und linker Herzkammer (Mitralklappe) nicht

Fröhlich, fit und ein kleines Energiebündel: Das ist typisch für die meisten Chihuahuas.

mehr richtig, fließt Blut zurück und kann bis in die Lunge gestaut werden. Die Mitralklappeninsuffizienz ist die häufigste Herzerkrankung bei Hunden. Sie tritt vorwiegend bei kleinen Hunden fortgeschrittenen Alters auf, beim Chihuahua meist ab acht bzw. neun Jahren, und das Risiko steigt, je älter der Hund ist.
Wird das Herz regelmäßig vom Tierarzt abgehört, kann die Krankheit erkannt werden, bevor der Hund Symptome wie Husten, Antriebslosigkeit, Bewegungs- und Appetitlosigkeit und später sogar kurze Ohnmachtsanfälle zeigt. Bereits bim ersten Verdacht sollten genauere Untersuchungen vorgenommen werden. Denn wenn die Krankheit früh erkannt wird, kann eine Behandlung mit den richtigen Medikamenten gute Erfolge bringen und dem Hund noch ein schönes und oft auch langes Leben ermöglichen.

UNTERZUCKERUNG

Der schnelle Stoffwechsel eines Chihuahuas verbrennt die vorhandene Energie sehr rasch. Bei Hunden unter 2 Kilogramm und besonders den sogenannten Teacup-Chihuahuas unter 1,5 Kilogramm besteht die Gefahr einer Unterzuckerung. Anzeichen sind Schwäche, Zittern, Torkeln und/oder Umfallen bis hin zum Kollaps. **Ohne Behandlung ist das tödlich!** Dem Hund muss als Sofortmaßnahme Glukose- oder Traubenzuckerlösung eingegeben werden: Wenn er nicht mehr schlucken kann, dann in die Innenseite der Backen oder auf das Zahnfleisch schmieren. Notfalls geht auch Honig o. Ä. Danach sofort zum Tierarzt! Besprechen Sie dort die weitere Fütterung, zum Beispiel, ob ein besonders kohlenhydratreiches Futter notwendig ist oder Sie öfter füttern müssen. Bei extrem kleinen Teacup-Chihuahuas kann das alle zwei Stunden nötig sein – am Tag und in der Nacht. Aus diesem Grund ist es wichtig, dass ein Chihuahua-Welpe regelmäßig seine Mahlzeiten bekommt. Auch nachts sollte er Zugang zu Futter haben.

VORSICHT VOR KNOCHENBRÜCHEN

Der Chihuahua ist der kleinste Hund der Welt und hat dementsprechend natürlich relativ fragile Knochen – die Gefahr von Knochenbrüchen ist daher bei ihm etwas höher, als bei größeren Artgenossen. Das heißt auf keinen Fall, dass Sie ihn in Watte packen müssen, doch etwas Vorsicht kann nicht schaden. Achten Sie zum Beispiel darauf, dass ein Welpe nicht vom Sofa springt, das kann schlimm enden. Auch der erwachsene Chihuahua freut sich, wenn er seine Knochen schonen kann. Legen Sie ihm ein Kissen vor das Sofa oder stellen Sie eine spezielle Sofatreppe (gibt es im Zoofachhandel) davor – die meisten Zwerge nehmen das gern an. Überlegen Sie, ob es in Ihrem Haushalt noch andere Möglichkeiten der Risikominimierung gibt.

RÜCKWÄRTSNIESEN

Für den Hundehalter wirkt das Ganze sehr dramatisch: Der Hund steht steifbeinig und angespannt da oder bewegt sich vermeintlich desorientiert, röchelt und scheint nach Luft zu ringen, bis der Spuk mit einem Würgen oder Schlucken beendet ist. Dieses „Rückwärtsniesen“ ist nach allgemeiner tierärztlicher Meinung in der Regel harmlos, solange es nur gelegentlich auftritt und der Hund ansonsten topfit ist. Die genaue Ursache ist nicht geklärt. Streicheln über den Kehlkopf oder kurzes (!) Zuhalten der Nasenlöcher löst den Schluckreflex aus und verkürzt damit den Anfall.
Zeigt der Hund jedoch öfter Rückwärtsniesen oder kommen weitere Krankheitssymptome dazu, sollten Sie das tierärztlich abklären lassen, um zum Beispiel einen Fremdkörper, eine Infektion der Atemwege oder eine andere Erkrankung ausschließen zu können. Holen Sie im Zweifelsfall besser eine zweite tierärztliche Meinung ein, wenn der Veterinär eine Operation, eine Asthma- oder Epilepsiebehandlung vorschlägt.

BEIM TIERARZT
— *mit dem Chihuahua*

Wir haben unsere Tierärzte Norman Jekel und Dr. Hansjörg Lehn zu Ihren Erfahrungen mit Chihuahuas befragt.

Im tierärztlichen Alltag behandeln Sie Hunde aller Rassen und Größen. Was fällt Ihnen spontan zum Chihuahua ein?

Norman Jekel: Dass sie ganz tolle Hunde sind, die nur leider zu oft unterschätzt und zu selten wie Hunde behandelt werden. Dabei stehen sie gerade mental den Großen in nichts nach. Doch vielen fehlt es zu meinem Bedauern an Umwelterfahrungen, Sozialisation und Erziehung, obwohl sie doch aufgeweckte und neugierige Kerlchen sind. Im Klinikalltag fällt das bei diesen Chihuahuas durch „mangelnde Kooperation“ bei der Behandlung auf. Dass es auch anders geht und meist nicht am Hund, sondern an der Haltung liegt, sehen wir an den Chihuahuas, deren Besitzer Wert auf Freundlichkeit, gute Sozialisation und Erziehung legen, diese sind meist entspannte und oft sogar vorbildliche Patienten.

Dr. Hansjörg Lehn: Chihuahuas werden meistens zu mehreren gehalten und nicht alleine.

Was halten Sie von sogenannten Teacup-Chihuahuas? Also Hunden, die so klein sind, dass sie in eine Teetasse passen?

Dr. Hansjörg Lehn: Das ist nicht empfehlenswert.

Norman Jekel ist Fachtierarzt für Klein- und Heimtiere mit den Fachgebieten Orthopädie, Chirurgie und Zahnheilkunde und Mitinhaber der Tierärztlichen TagesKlinik Löhnberg.

GESUNDHEITSVORSORGE BEIM CHIHUAHUA

Tierarzt Dr. Hansjörg Lehn empfiehlt

Einmal jährlich sollten beim Tierarzt Augen, Ohren, Zähne, Gesäugeleiste bei der Hündin bzw. Hoden beim Rüden und Herz überprüft werden. Zusätzlich ist bei Krankheitsanzeichen bzw. ab 8 Jahren jährlich ein Blutbild sinnvoll.

Norman Jekel: Davon rate ich ab. Bei jeder Rasse geht es zulasten der Gesundheit, wenn in der Zucht Extreme angestrebt werden, das gilt für besonders kleine oder große Hunde oder die Ausprägung bestimmter Körpermerkmale.

Was würden Sie als typische „Chihuahua-Krankheit" bezeichnen?

Norman Jekel: Wie bei vielen Kleinhunden auch hier die Patellaluxation. Und gerade neulich hatten wir wieder einen Chihuahua mit offener Fontanelle.

Dr. Hansjörg Lehn: Patellaluxation ist bei Kleinhunden häufig vertreten. Noch vor Zahnerkrankungen und Kaiserschnitten gehört das zu den häufigsten Gründen für deren Vorstellung in unserer Praxis.

Angenommen, ein Bekannter will sich einen Chihuahua kaufen. Was raten Sie ihm, worauf sollte er achten?

Dr. Hansjörg Lehn: Ich rate ihm, auf gute Sozialisation und Menschenkontakt der Elterntiere zu achten. Diese sollten nicht zu klein sein und eher 3 als 2 kg haben. Natürlich ist auch die allgemeine Gesundheit wichtig und es sollte eine gute Zuchtstätte sein. Die Zuchtauslese im VDH macht sich bezahlt und ist sinnvoll. Und ich rate dazu, einen Chihuahua möglichst nicht alleine zu halten.

Norman Jekel: Er sollte großen Wert auf eine seriöse, gute Zucht legen mit dem Ziel gesunder, offener und gut sozialisierter Hunde. Es sollte möglich sein, alle Hunde kennenzulernen und die Unterbringung anzuschauen. Sie sollten einem Zuchtverein über den VDH angeschlossen sein, dort gibt es Mindeststandards für die Zucht. Es ist sinnvoll, sich mehrere Züchter anzuschauen.

Was wünschen Sie sich für einen Chihuahua?

Norman Jekel: Verantwortungsbewusste Züchter und Halter.

Dr. Hansjörg Lehn: Grundsätzlich Gesundheit, insbesondere bezüglich der Patellaluxation. Dazu wünsche ich ihm ein offenes Wesen und ein Gewicht von 4 kg.

Dr. Hansjörg Lehn ist Fachtierarzt für Kleintiere mit den Schwerpunkten Chirurgie, Orthopädie, Röntgendiagnostik und Onkologie und Mitinhaber der Tierärztlichen Praxis in Wissenbach.

Lassen Sie auch Ihren betagten Chihuahua an Ihren Unternehmungen teilhaben, das hält ihn fit.

DER ALTE CHIHUAHUA

Mit acht Jahren gilt Ihr kleiner Freund offiziell als alt. Doch viele Chihuahuas sind von ihrer körperlichen Verfassung und ihrem Verhalten erst ab etwa 10 Jahren zu den Senioren zu zählen.

Ihr kleiner Freund schläft dann mehr und tiefer, er ist nicht mehr so leistungsfähig wie früher und vielleicht schneller gestresst, wenn es hektisch wird. Er braucht nun vor allem mehr Ruhe sowie Ihre liebevolle Zuwendung und Pflege. Halten Sie weiterhin seine Zähne in Schuss, geben Sie ihm eine dem Alter angepasste Ernährung und fördern Sie geistige und körperliche Fitness.

AUF BEDÜRFNISSE ACHTEN

Beteiligen Sie Ihren vierbeinigen Oldie entsprechend seinem Leistungsvermögen an Ihren täglichen Aktivitäten. Häufigere, dafür aber kürzere Spaziergänge, gelenkschonende Spiele, Denkaufgaben und Nasenarbeit sind genau richtig, damit Körper und

Geist gefordert werden. Beides baut jedoch schnell ab, wenn ein Hundesenior den ganzen Tag ohne Anregung verschläft. Im Alter kann sich auch sein Verhalten ändern. Oft wird er anhänglicher und liebebedürftiger, manche Senioren sind gelassener, andere aber weniger tolerant.

SYMPTOME ABKLÄREN LASSEN

Eine graue Schnauze, nachlassende Sinnesleistungen und öfter mal ein Wehwehchen gehören zum Altwerden. Tun Sie Krankheitsanzeichen nicht als unvermeidbare Altersbeschwerden ab, sondern lassen Sie diese genau wie plötzliche, auffällige Verhaltensveränderungen vom Tierarzt abklären und entsprechend behandeln. Oft können Sie dem Hund damit noch viele glückliche Jahre schenken. Kann eine Krankheit aber nicht geheilt werden, bietet eine Schmerztherapie oft noch eine gute Lebensqualität.

DER LETZTE LIEBESBEWEIS

Gemeinsam haben Sie und Ihr Chihuahua viele schöne Jahre verbracht. Rufen Sie sich Ihre glücklichen Momente in Erinnerung, wenn es heißt, für immer Abschied zu nehmen. Hat Ihr kleiner Freund nicht mehr zu lindernde Schmerzen oder Leiden und ist seine Lebensqualität so eingeschränkt, dass die schlechten Phasen die guten überwiegen, sollten Sie ihm den letzten Beweis Ihrer Zuneigung geben und ihn in Würde gehen lassen. Zu leiden, weil sein Mensch nicht loslassen kann, hat kein Hund verdient. Bitten Sie Ihren Tierarzt, dafür zu Ihnen nach Hause zu kommen, und bleiben Sie an der Seite Ihres treuen Gefährten.
Dieser Verlust ist für viele Menschen so schmerzhaft, dass sie keinen Hund mehr bei sich aufnehmen möchten. Doch meist überwiegen schon bald die Sehnsucht und die Erkenntnis: Ohne Chihuahua geht es nicht!

VERWANDTSCHAFT

Verschiedene Faktoren bestimmen, ob ein Hund ein hohes Alter erreicht. Erkundigen Sie sich beim Züchter, ob es Krankheiten gibt, die in seiner Zucht gehäuft vorkommen, wie alt seine Hundeoldies sind und welches Lebensalter Hunde aus seiner Zucht bisher erreicht haben. Bei frühen Todesfällen sollten Sie genauer nachfragen.

IMMER MIT DABEI — *Erziehung, Ausbildung, Beschäftigung*

ERZIEHUNG LEICHT GEMACHT

Auch im winzigsten Chihuahua steckt ein ganzer Hund. Mit allem, was dazu gehört. Die Kleinen wissen ganz genau, was sie wollen, und sie verstehen es auch, dies mit ihrer Pfiffigkeit und ihrem Charme durchzusetzen – manchmal recht energisch.

DAS BESTE FÖRDERN

Erziehung ist unbedingt notwendig, soll Ihr Chihuahua Ihnen nicht auf der Nase herumtanzen, freundliches Sozialverhalten gegenüber Menschen und Artgenossen zeigen und alle Freuden des Hundelebens genießen können. Kleine Hunde werden meist unterschätzt, ganz besonders der Kleinste von allen. In den Medien wird er oft als verhätscheltes Schoßhündchen gezeigt, das seinem stets modisch gestylten Frauchen als schickes Accessoire dient. Mit einem richtigen Hundeleben hat das aber auch rein gar nichts zu tun. Wer einem Chihuahua die Chance bietet, wird einen Vierbeiner entdecken, der so viele Talente mehr zu bieten hat, als sein Dasein als verkleideter Handtaschenbeschwerer zu fristen. Denn die kleinen Hunde sind clever, pfiffig, reaktionsschnell und ausgestattet mit sprühender Energie. Und sie wollen lernen. Das ist auch dringend nötig. Denn ein unausgelasteter und führungsloser Chihuahua kann Verhaltensweisen zeigen, die sowohl für ihn als auch für seine Menschen zur Belastung werden, die ganze Familie auf den Kopf stellen und ihn in Gefahr bringen. Geben Sie Ihrem kleinen Freund Anleitung, Beschäftigung und einen Platz in der Familie, damit er Ihnen seine besten Seiten zeigen kann.

MITEINANDER

Ohne eine gute Beziehung zwischen Mensch und Hund läuft bei der Erziehung gar nichts. Diese sogenannte Bindung muss wachsen und von Vertrauen geprägt sein, damit sie ein Gewinn für beide Seiten ist.
Fairer Umgang, klare Signale und das Setzen von Grenzen gehören dazu, genau wie Freiheiten dort, wo sie gewährt werden können. Die Erziehung eines Chihuahuas ist nicht anders als die eines großen Hundes.
Weiß der Hund, welche Rolle er in seiner Gemeinschaft einnimmt, fügt er sich gern ein, fühlt sich geborgen und sicher. Viele Hunde sehen sich jedoch dazu gezwungen, die Rolle des Leittiers bzw. Beschützers einzunehmen, weil ihre Menschen diese nicht ausfüllen. Und einer muss es tun. Die Folge ist, dass viele dieser unfreiwilligen Chefs heillos überfordert sind, permanenten Stress haben, verhaltensauffällig werden. Manche ziehen sich resigniert zurück und leiden still. Bei anderen kann das Verhalten im Extrem diktatorische Züge annehmen und die kleinen Tyrannen halten ihre Herrschaft über die ganze Familie keifend und schnappend aufrecht. Überlassen Sie es nicht Ihrem Hund, diese Bürde auf sich zu nehmen, sondern achten Sie von Anfang an auf Regeln und deren Einhaltung.

SOUVERÄN ANLEITEN

Die Rolle des Familienoberhauptes beinhaltet neben einigen Privilegien vor allem Pflichten und Verantwortung. Ganz vorne stehen der harmonische Zusammenhalt, die Fürsorge und der Schutz der ihm Anvertrauten. Die Einheit der Gruppe wird mehr mit freundlichen Gesten und mit Fairness denn mit Härte gefestigt. Grenzen werden da gesetzt, wo die Erziehung zum familientauglichen Sozialverhalten oder zur Gefahrenabwehr dies erfordern – wenn die Situation es verlangt, auch deutlich.
Ein souveräner Chef kann es sich leisten, abzugeben, Freiheiten zu gewähren und die ihm Anvertrauten eigene Erfahrungen machen zu lassen. Er greift jedoch immer dann ein, wenn es sinnvoll und nötig ist. Er hat Lebenserfahrung und seinen Entscheidungen wird der Hund mit Respekt und Vertrauen begegnen.
Im Alltag mit einem Chihuahua bedeutet dies, dass Sie der Sozialpartner werden müssen, an dem er sich orientieren kann. Regeln sind dafür unerlässlich, sowohl im Haus als auch draußen. Gelingt es Ihnen, Ihrem kleinen Freund diese Regeln hundgerecht zu vermitteln, weiß er, was von ihm erwartet wird, wo und wann er sich zurücknehmen muss und wo und wann er seine Freiheit voll auskosten kann. Nur wer Regeln kennt, kann diese auch befolgen. Und Hunde wollen Regeln und damit einen sicheren und verbindlichen Rahmen. Regeln zu folgen, setzt Vertrauen voraus, welches sich beide verdienen müssen, und zwar Sie mit

Bei Ihnen hat Ihr Hund wann immer nötig seine Schutzzone.

SPASSMASCHINE

Sie müssen nicht um die Aufmerksamkeit Ihres kleines Freundes buhlen und ihm ständig dann Unterhaltung bieten, wenn ihm danach ist. Widerstehen Sie der Versuchung, alles stehen und liegen zu lassen, wenn Ihr Knirps spielen will. Sie können und sollen sich immer wieder einmal rarmachen, denn wenn Sie sich gelegentlich entziehen, macht Sie das noch interessanter.

- Nähe,
- Freude und Spaß beim Spielen und beim Arbeiten im Team,
- fairem, fürsorglichem und respektvollem Umgang mit klaren, verständlichen und verbindlichen Signalen,
- der gemeinsamen Bewältigung von Herausforderungen und
- der Abwehr von Gefahren oder Bedrängnis sowie einem kühlen Kopf in heiklen Situationen.

Diese Erfahrungen machen Sie für Ihren Chihuahua berechenbar und attraktiv – und zum idealen „Leittier“. Er weiß, was er von Ihnen zu erwarten hat, und dass Sie nicht zögern, sich immer dann vor ihn zu stellen, wenn es einmal brenzlig wird. „Leittier“ wird der Mensch nicht, weil er es so bestimmt, sondern weil der Hund dies anerkennt.

Nicht unterschätzen

Die gewitzten Chihuahuas sind Meister darin, ihre Menschen auszutricksen und auf ganz charmante Weise das zu bekommen, was sie haben möchten. Sei es Ihre Aufmerksamkeit oder ein Extrahappen. „Schau, wie süß ich bin", scheinen manche zu sagen. Und der Mensch schmilzt dahin. Freuen Sie sich darüber, dass Ihr Hund so clever ist, doch seien Sie sich bewusst, dass er jede sich bietende Gelegenheit nutzen wird, um ganz entzückend seine Interessen durchzusetzen.

AUFMERKSAM BLEIBEN

Junge Hunde lernen einfach, ihr Gehirn lechzt förmlich nach Input. Doch lernen kann der Hund in jedem Alter. Später zwar nicht mehr ganz so leicht, doch immer noch erstaunlich. Lernen im Alter klappt umso besser, je intensiver schon der junge Vierbeiner seine Offenheit und sein Lernvermögen durch vielseitige positive Anregung und Anleitung schulen konnte – er hat gelernt, zu lernen. Und das zahlt sich aus, ein Leben lang.

Genauso, wie der Hund erwünschtes Verhalten lernt, kann er sich auch Unfug oder unerwünschtes Verhalten aneignen, und das meist ganz beiläufig. Denn zu lernen ist nicht auf die Stunden in der Hundeschule oder explizite Trainingseinheiten beschränkt, sondern findet im Alltagsgeschehen ständig statt.
Diese stete Aufnahmebereitschaft verlangt vom Menschen Konsequenz und Achtsamkeit. Hektik und Alltagsstress machen das nicht immer leicht. Doch spätestens dann, wenn Ihr Chihuahua aufsässig wird oder zunehmend unerwünschtes Verhalten zeigt, ist es an der Zeit, die Regeln wieder strikter durchzusetzen.
Lassen Sie es erst gar nicht so weit kommen, dass Sie Ihren Chihuahua mit einem Kauknochen bestechen müssen, damit Sie in Ruhe telefonieren können. Ziehen Sie es lieber einige Male durch, ihn in sein Körbchen zu schicken, auch wenn es anstrengend ist und das Telefonieren dann nicht so viel Spaß macht. Das gilt genauso dann, wenn Sie Besuch haben oder andere „Zuschauer"

Das Ziel: Ihr Chihuahua orientiert sich gern an Ihnen, weil er sich auf Sie verlassen kann.

Ausgeglichen kann ein Hund nur sein, wenn er sich ungestörte Auszeiten vom Trubel gönnen kann.

da sind. Denn Ihr Kleiner kapiert es ganz schnell, wenn Sie ihm in solchen Momenten mehr durchgehen lassen. Wenn Sie Ihrem Hund keine Regeln vorgeben, macht er sich bald seine eigenen.

PUBERTÄT

Kommt Ihr Chihuahua in die Pubertät (siehe S. 46), benimmt er sich oft wie ein halbstarker Teenager, stellt alles in Frage, testet Grenzen aus und scheint das Erlernte zeitweise vergessen zu haben. Liebevolle Geduld und trotzdem verbindlich die Regeln einzufordern, sind nun Ihre besten Hilfsmittel, um diese mitunter anstrengende Phase zu meistern. Erwachsen zu werden, ist auch für einen Hund nicht immer leicht.

EINANDER VERSTEHEN

Chihuahuas sind mitunter sehr bellfreudige Gesellen. Vielleicht versuchen sie, damit ihre geringe Größe zu kompensieren. Doch grundsätzlich verständigen Hunde sich mehr über körpersprachliches Ausdrucksverhalten denn durch Bellen, Jaulen und andere Lautäußerungen. Gesten, Körperhaltung und Mimik signalisieren dem Gegenüber Absichten und emotionale Zustände. Die Hunde kommunizieren sehr direkt und oft körperbetont miteinander, es wird auch gerempelt und gezwickt. Da macht der Chihuahua keine Ausnahme.
Machen Sie sich mit dem Ausdrucksverhalten umfassend vertraut, denn das hilft Ihnen sehr bei der hundegerechten Kommunikation im Rahmen der Erziehung und der Einschätzung von Hundeverhalten.

ALLE SIND GRÖSSER

Sich einem Hund von oben, vielleicht sogar vornübergebeugt, zu nähern, wirkt immer eindrucksvoll auf das Tier, kann sogar bedrohlich sein. Stellen Sie sich die Annäherung eines Menschen aus der Sicht eines Chihuahuas vor: Der Zweibeiner muss für den kleinen Hund riesig wirken. Kein Wunder, dass viele Chihuahuas dann verunsichert reagieren und sich mit Züngeln, Wegschauen, Anlegen der Ohren und/oder Ducken unterwürfig zeigen. Besonders bei fremden Menschen, die dem Kleinen vielleicht auch noch auf den Kopf klopfen, kann das für ihn sehr gruselig sein. Nähern Sie sich einem kleinen oder unsicheren Hund daher langsam, hocken Sie sich hin, um kleiner zu wirken, vermeiden Sie es, ihn anzustarren oder sich über ihn zu beugen, und drehen Sie ggf. den Oberkörper zur Seite.

ICH BIN FÜR DICH DA

Ist Ihr Hund in Sorge, sollten Sie ihm Sicherheit vermitteln. Zeigen Sie ihm, dass kein Grund zur Sorge besteht: Verhalten Sie sich selbstbewusst, aufmunternd und bleiben Sie entspannt und zuversichtlich. Zeigen Sie dem kleinen Angsthasen, dass Sie für ihn da sind und er zu Ihnen kommen, sich hinter Sie stellen, zu Ihnen legen oder an Sie kuscheln kann, doch bedauern Sie ihn nicht mit mitleidigen oder betrübten Worten bzw. Gesten. So helfen Sie ihm am besten.

BELOHNUNG UND LOB – ABBRUCH UND KORREKTUR

Erziehung bedeutet, auf das Verhalten Ihres Hundes einzuwirken, indem Sie ihn bestätigen oder ein Verhalten unterbrechen und es korrigieren. Mit Hilfe dieser Reaktionen und entsprechender Wiederholung kann Ihr Hund sein Verhalten bewerten und sich künftig entscheiden, ob er in einer ähnlichen Situation wieder so oder anders vorgeht. Richtig um- und eingesetzt, haben Sie damit eine hundegerechte „Werkzeugpalette“ an der Hand. Damit Ihr Chihuahua sein Verhalten mit Ihrer Reaktion in Verbindung bringen kann, muss diese zeitgleich erfolgen – das Timing dabei ist entscheidend. Spätere Belohnungen oder die nachträgliche Korrektur wird Ihr Vierbeiner nicht mehr wie beabsichtigt verknüpfen.

Belohnungen können bei der Erziehung sehr nützlich sein.

BESTÄTIGEN

Belohnungen sind besonders beim Einüben neuer Signale eine positive Verstärkung. In der Anfangsphase wird das gewünschte Verhalten des Hundes jedes Mal belohnt und somit bestätigt. Später reicht ein Lob aus, und nur nach dem Zufallsprinzip oder die außergewöhnlich gute Leistung zu belohnen – das spornt Ihren Hund an, sich weiter anzustrengen.

Das ideale Leckerchen für einen Chihuahua schmeckt ihm super, es ist weich, damit es schnell geschluckt werden kann, und es ist wirklich sehr klein – maximal halb so groß wie der Nagel Ihres kleinen Fingers – denn im Lauf des Trainings werden viele Leckerchen verteilt. Je schwieriger die Übung, desto schmackhafter und begehrter muss der Belohnungshappen sein. Für das Training bieten sich zum Beispiel gekochtes Geflügelfleisch, Käse sowie weiche Fleischstreifen oder Trainingsleckerli aus dem Zoofachhandel an.

Für manche Chihuahuas ist ein Spiel die größte Belohnung, und sie freuen sich, wenn sie für gute Leistung ihr Lieblingsspielzeug bekommen. Dieses sollte dem Hund nur dann gegeben werden und ihm sonst nicht zur Verfügung stehen. Auch Streicheleinheiten können eine attraktive Belohnung sein, etwa ein sanftes Kraulen unter dem Kinn.

CLICKER-TRAINING

Clicker-Training basiert auf positiver Verstärkung. Der Hund lernt, den Klick positiv zu verknüpfen, indem er anfangs zeitgleich Leckerchen bekommt. Wird später mit ihm geübt und bietet er ein erwünschtes Verhalten an, bestätigt ihn zeitgleich das Geräusch, die Belohnung kommt später nach. Clicker-Training kann vielseitig eingesetzt werden, besonders beliebt ist es bei Tricks (S. 112) oder beim Dog Dancing (S. 117).

BERICHTIGEN

Immer tabu und absolut nicht zu einer hundegerechten Erziehung gehörend sind Schläge, Tritte sowie alle anderen Gewaltmaßnahmen. Damit erziehen Sie Ihren Hund nicht, sondern zerstören das in Sie gesetzte Vertrauen, und im schlimmsten Fall fürchtet Ihr Hund sich vor Ihnen. Doch Ihr Chihuahua muss einen Rahmen haben, damit er Freiräume auskosten kann. Sie müssen ihn glaubwürdig bremsen, wenn er über die Stränge schlägt oder sich in Gefahr bringt.

Möchten Sie sein Verhalten unterbinden, geben Sie ihm ein Abbruchsignal. Bei den meisten Chihuahuas reichen deutlich oder sogar missbilligend ausgesprochene Worte wie „Nein!“, „Pfui!“, „Aus!“ oder „Lass es!“, ein eindringliches „Na!“ oder ein Schnalzgeräusch. Manche Chihuahuas lassen schon

Timing ist alles: Nur so kann Ihr Hund die Belohnung richtig mit dem Verhalten verknüpfen.

beim scharf ausgesprochenen „Lass es!“ die Ohren hängen und trollen sich, bei diesen reichen leichte Maßnahmen zum Abbruch meistens aus.

Interessiert den Kleinen Ihr Abbruchwort nicht, kann es durchaus nützlich sein, die eigene Größe gezielt einzusetzen und imposant zu wirken. Eine aufrechte Körperhaltung, ein fester Blick, wenn nötig auch ein oder zwei forsche Schritte auf ihn zuzugehen, vermitteln das einzeln oder in Kombination.

Zeigt der Hund sich immer noch unbeeindruckt, schaut Sie vielleicht sogar frech an und macht munter weiter Unfug, können Sie ihn zum Beispiel in eine Hautfalte zwicken oder in die Haare fassen, damit er abbricht. Gerade bei einem so kleinen und „zerbrechlichen“ Hund wie dem Chihuahua muss die Dosierung sehr sorgfältig und eher behutsam sein, darf dabei aber nicht ihre Wirkung einbüßen. Am besten erarbeiten Sie solch ein Abbruchsignal gemeinsam mit einem Hundetrainer.

Immer dann, wenn Sie das Verhalten Ihres Chihuahuas unterbrechen möchten, bietet es sich an, ihm ein alternatives und erwünschtes Verhalten anzubieten. Sagen Sie nicht nur „Nein!“, sondern zeigen Sie Ihrem kleinen Freund auch den richtigen Weg.

Wichtig, Konsequenz!

Regeln sollten befolgt werden. Das gilt für Ihren Chihuahua und alle Familienmitglieder. Gestatten Sie keine Ausnahmen. Das macht es Ihrem Hund leichter, sich an Regeln zu halten, und Sie sind für ihn berechenbar. Zu wissen, was man vom anderen erwarten kann, gibt Sicherheit.

Was macht der denn da? Welpen lernen viel durch Beobachtung und Nachahmung ihrer Artgenossen.

WELPENSCHULE

Im „Hundekindergarten" lernt Ihr Welpe spielerisch Sozialverhalten mit Menschen und Artgenossen und wird mit verschiedenen Umweltreizen bekannt gemacht. In einer guten Welpenschule werden vor allem auch Sie praktisch angeleitet für den alltäglichen Umgang mit Ihrem Chihuahua-Kind. Von einer guten Welpengruppe profitieren der Kleine und Sie sein Leben lang, in einer schlechten kann er das Gruseln lernen. Denn gerade bei kleinen Hunden können durch mangelhafte Anleitung bzw. Aufsicht oder Gruppenzusammensetzung viele Fehler gemacht werden, die später nur sehr schwer oder gar nicht mehr korrigiert werden können. Welpengruppen sollten daher nur von wirklich gut ausgebildeten Hundetrainern geleitet werden. Wählen Sie die Welpenschule daher unbedingt mit Bedacht! Ihr Hundekind wird garantiert immer das kleinste seiner Gruppe sein.

So sollten pro Hundetrainer maximal sechs bis acht Welpen beaufsichtigt werden. In größeren Gruppen müssen dann mehrere Trainer anwesend sein. Bei der Zusammenstellung ist darauf zu achten, dass die kleinen Chihuahuas nicht von größeren Welpen als

Gut gemacht: kleine Belohnung zwischendurch.

„Spielzeug" missbraucht und zum Beispiel ständig gejagt werden. Ein guter Trainer achtet darauf, dass die Welpen großwüchsiger Rassen lernen, sich im Umgang mit den Kleinen zu bremsen und die Minis Strategien entwickeln, mit den Großen umzugehen, ohne Schaden zu nehmen. Der Trainer muss erkennen, ob die Welpen miteinander spielen oder ein Welpe von den anderen gemobbt wird, und, wenn nötig, rasch eingreifen. Er sagt nicht pauschal: „Das müssen die unter sich ausmachen." Ein 12 Wochen alter Chihuahua-Welpe kann sich nicht gegen einen gleichaltrigen Labrador, Riesenschnauzer oder Weimaraner durchsetzen. Wird das nicht durch eine kompetente Aufsicht berücksichtigt, schwindet das Selbstbewusstsein des Chihuahuas stetig, er wird immer unsicherer und weiß sich im schlechtesten Fall künftig nur zu helfen, indem er Hundekontakt möglichst vermeidet bzw. aggressiv versucht, Artgenossen auf Abstand zu halten. Die Artgenossen-Sozialisation eines so kleinen Vierbeiners gehört absolut in die Hände von ausgebildeten Fachleuten. Kleinhundegruppen können hier eine Alternative sein.

Natürlich sollten Sie in einer guten Welpengruppe auch theoretisches Wissen vermittelt bekommen und der Trainer Ihnen hilfreiche Antworten auf Ihre Fragen geben.

BEISSHEMMUNG

Raufen, kämpfen, beißen – das macht Hundekindern Spaß. Und sie lernen eine ganze Menge dabei, zum Beispiel das Verhalten der anderen einzuschätzen und sich selbst zurückzunehmen. Die spitzen Zähnchen richtig einzusetzen, ist eine Sache der Übung und der Erfahrung. Die Reaktion des Mitspielers zeigt, ob es zu fest ist. Denn dann schreit der andere vor Schmerz auf, bricht das Spiel ab oder wehrt sich. Zwickt Ihr Kleiner im Spiel zu fest, sollten auch Sie zeigen, dass es weh tut. Lässt er nicht ab, schieben Sie ihn weg und beenden das Spiel.

Das motiviert: immer dem Leckerchen nach.

Das lohnt sich: unterwegs Leckerchen finden.

DAS KLEINE EINMALEINS DER HUNDEERZIEHUNG

Lassen Sie Ihrem Chihuahua ein oder zwei Wochen Zeit, sich bei Ihnen einzugewöhnen. Die einzigen Signalworte, die Ihr Chihuahua schon früh spielerisch lernen sollte, sind „Hier!", „Nein!" und „Aus!", alle anderen können noch warten. Erziehung ist immer individuell und muss zum Hund passen.

Die im Folgenden beschriebenen Möglichkeiten sind nur Beispiele von vielen Wegen, die zum Ziel führen können. Wichtig ist immer, dass Ihr Weg zu Ihnen und Ihrem Hund passt.

Führen Sie Hör- und Sichtzeichen ein.

SIGNALE LERNEN: SO KLAPPT'S

Mit Signalen bzw. Kommandos vermitteln Sie Ihrem Hund, welches Verhalten Sie von ihm erwarten. Dazu muss er vorher beides miteinander verknüpft haben.
Hunde reagieren sehr gut auf Sichtzeichen, zum Beispiel den erhobenen Zeigefinger als Signal, sich hinzusetzen. Gesprochene Signale wie „Sitz" werden als Hörzeichen bezeichnet. Üben Sie beides parallel ein. Wiederholen Sie das Hörzeichen nicht, wenn der Hund nicht sofort reagiert. So lernt er nur, Sie zu überhören – ein eindringliches „Hey!" oder „Na!" ist effektiver.
Reagiert der Hund falsch, können Sie ihm seinen Fehler mit einem neutral ausgesprochenen Korrekturwort wie „noch mal" oder „neuer Versuch" vermitteln. Werden Sie nicht ungeduldig oder ärgerlich, sondern fangen Sie ganz gelassen noch einmal von vorne mit der Übung an.
Achten Sie auf das richtige Timing, sowohl Lob als auch Abbruch sollten möglichst zeitgleich mit der Aktion des Hundes erfolgen. Lösen Sie gegebene Signale immer auf, zum

Konzentration: Je größer die Ablenkung, desto schwieriger ist es für den Hund, dem Signal zu folgen.

Beispiel indem Sie Ihrem Hund mit dem Wort „Lauf" mitteilen, dass die Übung nun beendet ist.

Erwarten Sie nur das von Ihrem Hund, was er bereits gelernt hat. Fällt ihm eine Übung schwer, sollten Sie den Schwierigkeitsgrad verringern. Schließen Sie das Training immer mit einer Übung ab, die Ihr Chihuahua gut beherrscht, damit er zum Schluss ein Erfolgserlebnis hat. Denn Erfolg motiviert. Das gilt für Zwei- und auch für Vierbeiner.

Nehmen Sie sich nicht zu viel vor, das setzt Sie und Ihren Hund nur unter Druck. Planen Sie die Übungen in kleinen Schritten ohne übertriebenen Ehrgeiz, dann stellt sich der Erfolg für Sie und Ihren Hund viel schneller ein. Sie müssen niemandem etwas beweisen, denn Hundeerziehung ist kein Wettbewerb. Nehmen Sie auch kleine Erfolge wahr und feiern Sie diese gemeinsam mit Ihrem kleinen Freund. Und wenn Sie einmal falsch reagiert haben? Das kommt vor – niemand ist perfekt. Stimmt die Basis Ihrer Beziehung, steckt Ihr Hund das auch weg.

SIGNALE LERNEN: LERNUMFELD

In angenehmer Atmosphäre und mit Freude lernt es sich am besten. Bei Ablenkung welcher Art auch immer fällt es Ihrem Hund schwer, sich zu konzentrieren. Dies muss er erst noch lernen. Fordern Sie Ihren Vierbeiner, erzwingen Sie jedoch nichts. Üben Sie anfangs im ruhigen Umfeld zu Hause, ohne Ablenkung. Steigern Sie dann den Grad der Ablenkung immer mehr, zum Beispiel durch die Anwesenheit anderer Menschen und Hunde sowie Umweltreize wie Geräusche. Üben Sie daher an verschiedenen Orten und mit unterschiedlichen Bedingungen. Fällt ihm die Konzentration schwer, sorgen Sie für ein ruhigeres Umfeld.

„Schau" ist ein sehr wirksames Signal, um die Aufmerksamkeit Ihres Chihuahuas zu bekommen.

ABWARTEN: „NEIN!" UND „NIMM"

Ziel ist es, dass Ihr Hund etwas nicht aufnimmt, sondern erst auf Ihr Signal wartet. Zum Üben nehmen Sie ein Leckerchen in die Hand und bieten es ihm an. Will er es nehmen, sagen Sie „Nein!" und schließen schnell die Hand. Das wiederholen Sie so lange, bis er zögert und Sie anschaut. Dann loben Sie ihn und bieten ihm mit „Nimm" das Leckerchen erneut an – jetzt darf er es nehmen. Variieren Sie diese Übung mit anderen Objekten.

AUSLASSEN: „AUS"

Ziel ist es, von einem Objekt abzulassen oder es auszuspucken. Es bietet sich an, ihm dieses Signal mit einem Tauschgeschäft beizubringen. Kaut Ihr Chihuahua zum Beispiel an einem Kauknochen, können Sie ihm einen anderen anbieten. Lässt er von dem Kauknochen ab, sagen Sie „Aus", geben ihm sofort das Tauschobjekt und loben ihn.

BLICKKONTAKT: „SCHAU"

Ist Ihr Chihuahua aufmerksam und auf Sie konzentriert, lernt er besser. Unser Tipp: Gewöhnen Sie es sich an, ihn zu bestätigen, wenn er Blickkontakt sucht. Führen Sie zusätzlich ein Signal dafür ein, etwa „Schau". Damit können Sie ihn dann jederzeit auf sich konzentrieren.

ÜBUNG MACHT'S

Bis Ihr Chihuahua eine Übung aus dem Effeff beherrscht, muss er sie oft wiederholen. Nutzen Sie dazu jede sich bietende Gelegenheit. Üben Sie besser häufiger in kurzen Einheiten von 5–10 Minuten statt in wenigen langen. Verzichten Sie aber darauf, wenn Sie gestresst oder in Hektik sind. Dann würde der Frust die Oberhand gewinnen, und das spürt Ihr Kleiner ganz schnell.

HERKOMMEN: „HIER"

Grundsätzlich soll Ihr Hund lernen, dass es seine Aufgabe ist, den Anschluss an Sie nicht zu verlieren. Er will in Ihrer Nähe sein, also muss er auch auf Sie achten. Wann immer der Hund auf Sie zukommt, rufen Sie fröhlich und aufmunternd „Hier". Gehen Sie in die Hocke und bestärken Sie ihn überschwänglich in hoher Tonlage, während er zu Ihnen rennt. Bei Ihnen angekommen, geben Sie ihm sofort ein Leckerchen oder spielen mit ihm, um ihm zu zeigen, dass sich das für ihn lohnt. Rufen Sie ihn zur Fütterung mit „Hier".
Rufen Sie ihn auch einfach so, jedoch noch nicht bei großer Ablenkung. Hat Ihr Chihuahua wegen Ihres Rufens eine spannende Tätigkeit unterbrochen und ist zu Ihnen gekommen, sollten Sie ihm anfangs wieder direkt die Möglichkeit geben, weiterzumachen. So lernt er, dass der Spaß nicht zu Ende ist, wenn er auf Ihr Rufen folgt. Deswegen sollten Sie ihn auch nach dem „Hier" nicht immer anleinen, sondern weiter Freilauf erlauben.
Kommt Ihr Chihuahua nicht auf Ihr Rufen, ist eine 5 m lange Schleppleine ein nützliches Hilfsmittel – üben Sie zusammen mit einem Hundetrainer. Laufen Sie Ihrem Hund möglichst nicht hinterher, wenn er nicht folgt, er macht daraus vielleicht ein Spiel. Besser ist es, in die andere Richtung zu rennen, die meisten Hunde kommen dann schnell hinterher. Auch Versteckspiele können für das „Hier"-Training sehr nützlich sein. Voraussetzung ist natürlich immer, dass die Umgebung keine Gefahren birgt.

Hundepfeife verwenden

Führen Sie den Pfiff einer Hundepfeife als zusätzliches Hörsignal für „Hier" ein. Damit hört Ihr Hund Sie über weite Distanzen.

Beim Signal „Hier" wollen Sie, dass Ihr Hund schnell herankommt. Dafür gibt es direkt ein Leckerli.

Das Sichtzeichen für das Signal „Sitz".

HINSETZEN: „SITZ"

Nehmen Sie ein Leckerchen in die Hand zwischen Daumen und Mittelfinger, spreizen Sie den Zeigefinger nach oben ab und führen Sie das Leckerchen vor der Nase Ihres Chihuahuas über seinen Kopf. Berührt sein Po den Boden, geben Sie ihm die Belohnung und sagen „Sitz".

STEHEN: „STEH"

Üben Sie dies vor dem „Sitz". Wann immer der Hund steht, sagen Sie „Steh" und belohnen und loben ihn. Setzt er sich stattdessen hin, gehen Sie wieder einen Schritt weiter, locken ihn zu sich und belohnen ihn, wenn er steht.

HINLEGEN: „PLATZ"

Es gibt mehrere Möglichkeiten, Ihrem kleinen Freund das Signal „Platz" beizubringen.
Variante 1: Lassen Sie ihn „Sitz" machen. Klemmen Sie dann ein Leckerchen zwischen Daumen und Handfläche. Führen Sie diese Hand mit der nach unten zeigenden Handfläche vor der Nase Ihres Chihuahuas langsam Richtung Boden. Die meisten Hunde legen sich hin bei dem Versuch, das Leckerchen zu erreichen.
Variante 2: Locken Sie Ihren Hund unter der Querstrebe eines Stuhls hindurch. Liegt Ihr Vierbeiner auf dem Boden, geben Sie ihm sofort das Leckerchen und sagen „Platz".

SO VERWEILEN: „BLEIB"

Geben Sie das Signal „Platz". Wenn Ihr Hund liegt, bleiben Sie vor ihm stehen, halten die flache Hand vor ihn, sagen „Bleib" und belohnen ihn, während er noch liegt. Nach einigen Wiederholungen entfernen Sie sich einen Schritt vom liegenden Hund, sagen „Bleib" und belohnen ihn wieder, wenn er liegen bleibt. Im weiteren Übungsverlauf können Sie Entfernung und Dauer erhöhen. Läuft er Ihnen nach, bringen Sie ihn wieder zurück und üben mit geringerem Schwierigkeitsgrad. Die Signale „Platz" und vor allem „Bleib" sind für viele Hunde schwierig und erfordern viel Vertrauen.

„Bleib" heißt zu warten, bis das Signal aufgelöst wird.

VORBILDLICH

Kleine Hunde haben oft den Ruf, „Giftzwerge" zu sein. Ihr Chihuahua kann viel zur Imageaufwertung beitragen. Gestatten Sie ihm nicht, einfach zu fremden Hunden oder Menschen zu laufen oder diese gar zu belästigen. Rufen Sie ihn und lassen ihn abwarten, bis Passanten vorbei sind. Sorgen Sie dafür, dass seine Hinterlassenschaften nicht für Ärger sorgen.

Variante 3, um das Signal „Platz“ einzuüben: Das Leckerchen ganz langsam über den Boden ziehen, …

… der Chihuahua folgt ihm, …

… bis er sich schließlich …

… ganz hinlegt. Das wird nun mehrmals täglich wiederholt, mit dem Signal verknüpft und die Ablenkung gesteigert.

Ein ordentliches „Bei Fuß“ auf Kniehöhe, ganz ohne Zug auf der Leine.

LEINENFÜHRIGKEIT

Für die Leinenführigkeit gibt es zwei Varianten: Erstens das exakte Laufen „Bei Fuß“ mit der Schulter des Hundes auf Höhe Ihrer Knie, wie es zum Beispiel bei der Begleithundeprüfung und im Hundesport verlangt wird. Zweitens das manierliche Mitlaufen, ohne dabei an der Leine zu ziehen, wie es eher für den täglichen „Hausgebrauch“ sinnvoll ist.
Leinen Sie Ihren Hund an. Soll er auf Ihrer linken Seite laufen, nehmen Sie die Leine in die rechte Hand und einige Leckerchen in die linke. Soll er rechts laufen, umgekehrt. Es ist sinnvoll, für jede Seite ein eigenes Signalwort einzuführen.
Locken Sie Ihren Chihuahua mit den Leckerchen in die gewünschte Position: Ist er dort, bekommt er Lob und Belohnung und Sie sagen das dafür von Ihnen bestimmte Signalwort.
Gehen Sie auch Zickzack, machen Sie Kurven und Wendungen, damit Ihr Hund sehen muss, dass er mit Ihnen mithält. Bleibt er zurück oder zieht, locken Sie ihn wieder zu sich. Ziel ist es immer, dass Ihr Hund Sie an locker hängender Leine begleitet.

FREIFOLGE

Ihr Hund folgt Ihnen wie an einer unsichtbaren Leine, das ist schon Meisterklasse. Das Training baut auf der Leinenführigkeit auf, geübt wird in sicherem Gelände, eben ohne Leine.

GEWÖHNUNG AN DIE BOX

Die Box soll für Ihren Chihuahua ein sicherer Rückzugsort werden. Wichtig ist, dass Ihr kleiner Freund die Box gern betritt und sich entspannt darin aufhält. Statten Sie sie mit einer weichen Decke gemütlich aus. Ist der Hund müde, bieten Sie ihm darin einen Kauknochen an oder füttern ihn direkt darin. Lassen Sie die Tür der Box geöffnet.

Freifolge: Das Leckerchen lockt den Hund heran.

So geht's auch: Voraus, aber mit lockerer Leine.

Nach mehrmaligen Wiederholungen können Sie die Tür kurz schließen, während Ihr Chihuahua darin schläft, und später die Dauer verlängern. Bringen Sie den Hund nicht zur Strafe in die Box, dann wird er sich darin nie wohl fühlen. Nehmen Sie ihn nicht heraus, wenn er bellt oder Radau macht, sondern warten Sie, bis er kurz still ist.

ALLEIN BLEIBEN

Gewöhnen Sie Ihren Hund von Anfang an daran, dass Sie nicht immer in seiner Nähe sind und er nicht immer an Ihrem Rockzipfel hängen muss: Verlassen Sie das Zimmer für wenige Sekunden und schließen Sie dabei die Tür.

Dehnen Sie die Dauer Ihrer Abwesenheit langsam aus und bleiben Sie einmal etwas länger und dann wieder kürzer weg. Machen Sie nur eine kurze Begrüßung und kein großes Aufheben, wenn Sie wieder bei ihm sind, sonst messen Sie Ihrer Abwesenheit und Ankunft zu viel Bedeutung bei.

Ihr Chihuahua findet sich besser mit dem Alleinsein ab, wenn er müde und satt ist oder einen Kauknochen zur Ablenkung hat.

Gehen Sie nicht zurück, wenn er bellt, jault oder in der Box kratzt. Warten Sie dann, bis er einen Moment ruhig ist. Führen Sie ein Abschiedssignal ein und machen Sie kein Drama aus Ihrem Weggehen.

Er bekommt es aber erst dann, wenn er auf der gewünschten Position läuft.

Die Größe spielt bei einer echten Hundefreundschaft keine Rolle. Doch das Miteinander will gelernt sein.

BEGEGNUNG MIT ARTGENOSSEN

Üben Sie mit Ihrem Chihuahua, ohne Aufhebens an anderen Hunden vorbeizugehen. Gute Leinenführigkeit erleichtert das natürlich sehr. Führen Sie Ihren kleinen Freund auf der dem anderen Hund abgewandten Seite, damit Sie dazwischen sind und Schutz bieten können. Dann fühlt Ihr Hund sich sicherer und hat keine Veranlassung, sich aufzuspielen, denn aufzupassen ist Ihr Job. Bleiben Sie dabei ruhig und gehen Sie entschlossen und zügig voran. Loben und belohnen Sie ihn, wenn er sich gut benimmt. Rennt ein großer Hund auf Sie und Ihren Chihuahua zu, sollten Sie versuchen, Ruhe zu bewahren und den Hund einzuschätzen. Schicken Sie den Großen deutlich und bestimmt weg, wenn Sie keine Annäherung wünschen, und stellen Sie sich vor Ihren Vierbeiner.

Haben Sie allerdings den Eindruck, dass Sie ihm so keinen ausreichenden Schutz bieten können, gibt es die Möglichkeit, ihn auf den Arm zu nehmen. Dabei besteht jedoch die Gefahr, dass der größere Hund an Ihnen hochspringt und versucht, an den Kleinen zu gelangen. Ist Aggression im Spiel, kann das für Sie beide gefährlich werden, dessen müssen Sie sich bewusst sein und entscheiden, ob Sie das Risiko eingehen wollen. Werden Kleinhunde auf den Arm genommen, obwohl sie mit der Stänkerei angefangen haben, ist das bestimmt das falsche Signal für ihr zukünftiges Verhalten. Kleinhunde auf den Arm nehmen oder nicht – dieses Thema wird unter Hundeexperten mitunter heftig diskutiert. Letztendlich müssen Sie immer selbst und je nach Situation entscheiden.

BEI PROBLEMEN

Wenden Sie sich an einen guten Hundetrainer, wenn Ihr Chihuahua problematisches Verhalten zeigt, zum Beispiel Aggression oder Trennungsangst. Und zwar möglichst sobald Sie sich mit diesem Verhalten unbehaglich fühlen oder sich um Ihren Hund sorgen. In Einzelstunden kann der Trainer sich individuell der Problemlösung widmen und Sie gezielt anleiten. Richtig und frühzeitig reagiert, können oft schon einige Einzelstunden eine Verschlimmerung des Problems verhindern oder es bessern.

In einer guten Hundeschule üben Hunde, mit unterschiedlichen Situationen umzugehen.

FREIZEITPARTNER CHIHUAHUA

Chihuahuas sind schlaue, aktive und lebenslustige Vierbeiner, die gern zeigen möchten, was in ihnen steckt. Und sie haben eine Menge zu bieten. Die Beschäftigungsmöglichkeiten sind vielfältig, fast so wie für die größeren Artgenossen. Alles eben nur ein paar Nummern kleiner.

Sich stundenlang bei Frauchen oder Herrchen anzuschmiegen, miteinander zu kuscheln und die Streicheleinheiten zu genießen, das liebt ein Chihuahua und macht es gern mit. Doch den ganzen Tag nur herumzuliegen, ist auch für ihn auf Dauer langweilig. Abwechslung durch Spiel, Sport und geistige Anregung erfüllt ein Grundbedürfnis und bietet hundegerechte Auslastung. Ein ausgelasteter Hund hat weniger Stress, ist zufriedener und kommt seltener auf dumme Ideen. Mangelt es an Auslastung, ist das auch bei Chihuahuas ein häufiger Grund für Probleme, genau wie ein Übermaß an Aktivität und fehlende Ruhephasen. Dem können Sie mit einem ausgewogenen Maß an Beschäftigung ganz einfach vorbeugen. Und das macht sogar noch Spaß.

Ganz wichtig: Mit Frauchen spielen.

SPAZIERGÄNGE

Schön, wenn Sie einen Garten haben, in dem Ihr Hund toben und spielen kann. Doch die täglichen Spaziergänge kann er nicht ersetzen. Denn auf Ihren gemeinsamen Touren kann Ihr Chihuahua die Welt entdecken, stets Neues erleben, Hundefreundschaften pflegen und neue Hundefreunde kennenlernen. Das macht sein Leben so viel (abwechslungs-)reicher. Und daher ist eine der besten Beschäftigungsmöglichkeiten auch die einfachste: mit dem Hund spazieren zu gehen. Machen Sie mehr daraus, als ihm nur die Möglichkeit zu geben, draußen seine großen und kleinen Geschäfte zu erledigen. Denn die Welt auf

der anderen Seite des Zauns hat ihm so viel zu bieten, was seinen Geist wachhält und seine Fitness verbessert.
Wenn Sie täglich – auf drei oder vier Gänge verteilt – eineinhalb oder noch besser zwei Stunden (es darf auch gern mehr sein) mit ihm unterwegs sind, trägt das wesentlich zu seiner Auslastung bei. Am meisten Spaß hat er natürlich, wenn er unterwegs frei laufen darf – vorausgesetzt, er kommt auf Rückruf zuverlässig zu Ihnen. Lassen Sie ihn im für Sie vertretbaren Radius seiner Nase nachgehen und selbstvergessen schnüffeln oder auch einmal buddeln. Und wenn er sich wälzt? Halb so schlimm. Ein Chihuahua ist eben auch nur ein Hund, sich zu wälzen gehört dazu. Achten Sie einfach darauf, dass er sich keine gar zu ekligen Dinge aussucht – notfalls muss er zu Hause in die Wanne.

MASS GEHALTEN

Überfordern Sie Ihren Welpen nicht und gehen Sie nicht zu lange mit ihm spazieren. Im Alter von drei Monaten sind drei bis vier Spaziergänge von etwa 10–15 Minuten ausreichend. Verlängern Sie die Dauer behutsam, je älter das Hundekind wird – für jeden Lebensmonat etwa 5–10 Minuten mehr pro Spaziergang.

Eindrücke sammeln: Beim gemeinsamen Spaziergang kann Ihr Chihuahua viel erleben.

MEHR ALS GASSI

— *Spaziergang plus*

Nur schnöde um den Block laufen? Ist langweilig. Zufällig in dieselbe Richtung gehen, während der Hund an der Leine zieht und der Zweibeiner den Blick nicht vom Smartphone bekommt? Ganz blöd. Schnell ums Eck, damit Hund seine Notdurft verrichten kann, und direkt wieder zurück? Unbefriedigend.

Spaziergänge können die schönsten Gemeinsamkeiten für Mensch und Hund sein. Nutzen Sie die Gelegenheit dazu und machen Sie mehr draus. Das lohnt sich, für Ihren Hund und auch für Sie.

ACHTSAMKEITSPARCOURS

Schlendern Sie ein Stück ganz gemütlich mit Ihrem Hund den Weg entlang. Geben Sie ihm Gelegenheit, zu schnuppern und zu erkunden. Bestätigen Sie ihn, wenn er nach Ihnen schaut.

Setzen Sie sich auf eine Bank oder ins Gras, Ihr Hund neben Ihnen oder auf Ihrem Schoß. Genießen Sie beide die Nähe, das Beobachten der Umgebung und die Auszeit.

Verwöhnen Sie Ihren kleinen Freund mit einer kurzen Massage.

Albern Sie einfach etwas rum mit Ihrem Chihuahua.

DENKPARCOURS

Wechseln Sie öfter die Strecke, bieten Sie neue Eindrücke, sei es ein neuer Ort oder das Einkehren in ein Lokal, und bringen Sie so mehr Abwechslung in die täglichen Spaziergänge. Das Verarbeiten neuer Eindrücke ist für viele Hunde anstrengender und eine bessere Auslastung als Sport.

— Bauen Sie Erziehungs- oder Trickübungen in den Spaziergang ein.
— Lassen Sie ihn etwas suchen, z. B. ein Leckerchen oder ein Spielzeug. Oder verstecken Sie sich selbst.
— Legen Sie eine kurze Fährte aus Leckerchen.
— Verstecken Sie ein Spielzeug.
— Lassen Sie ihn apportieren.

01

02

03

04

01 Ihr Hund schaut Sie an? Bitte bestätigen Sie das, sei es durch ein kurzes „Fein“, ein „Weiter so“ oder vielleicht ein Leckerli.

02 Ein Besuch im Restaurant bietet Ihrem Chihuahua Abwechslung und viele Eindrücke, das macht auch müde.

03 Ausflug mit Freunden in die City. Gemeinsam macht das mehr Spaß. Und unsichere Hunde fühlen sich im Team sicherer.

04 Sich im Geschäft zu benehmen muss jeder Hund lernen. Bald ist das eine Selbstverständlichkeit und Ihr Hund ein angenehmer Begleiter.

01

02

01 Stretching: Für einen leckeren Happen macht Ihr Chihuahua sich gern lang.

02 Wettrennen: Beide spornen sich gegenseitig zur Höchstgeschwindigkeit an.

03 Bergsteigen: Unterwegs bieten sich viele Möglichkeiten, um hoch hinaus zu kommen.

04 Mutig: Herausforderungen sind gut fürs Ego. Und Sie achten dabei auf den sicheren Rahmen.

05 Mittendurch. Hindernisparcours für Fortgeschrittene – auf der Wippe durch den Griff.

06 Balancieren: Macht auf Baumstämmen richtig Spaß. Passen Sie auf, dass es dort sicher ist.

FITNESSPARCOURS

Spielen Sie zwischendurch mit Ihrem Chihuahua.
Lassen Sie ihn Slalom laufen um Pfosten, Bäume, die Beine einer Parkbank etc.
Machen Sie mit ihm Balancierübungen auf niedrigen Mauern, Baumstämmen oder Steinen.
Bieten Sie Sprinteinlagen: Geben Sie Ihrem Hund das Signal für „Sitz" und „Bleib", gehen Sie ein Stück weg und rufen Sie ihn zu sich. Passen Sie die Distanz dem Lernlevel Ihres Chihuahuas an.
Pfützen etc. bieten sich für Weitsprung an, z. B. Grasbüschel für Hochsprung.
Hunde-Limbo: Lassen Sie Ihren Zwerg unter niedrigen Zäunen, Ästen etc. durchlaufen bzw. -kriechen.
Sorgen Sie für Kletterpartien auf Mauern, Treppen, sicheren Holzstapeln oder stabilen Steinhaufen.
Beim Spaziergang werden Sie noch viele „Fitnessgeräte" entdecken. Achten Sie immer darauf, dass diese keine Verletzungsgefahren für Ihren Hund bieten: Holzbretter zum Beispiel keine Splitter oder abstehende Nägel, Äste keine Dornen oder Stacheln haben und Holzstapel etc. wirklich stabil sind.

03

04

05

06

FREIZEITPROGRAMM FÜR CHIHUAHUAS

Chihuahuas sind für fast alles zu haben, und für jeden Zwerg gibt es die richtige Beschäftigung. Auch ältere und kranke Chihuahuas müssen nicht auf Freizeitspaß verzichten, dann gibt's eben mehr Denk ... und weniger ... sport. Und wenn der Spaziergang mal kürzer ausfällt, können Sie den Winzling auch prima zu Hause beschäftigen. Hier gibt's einige Beschäftigungsideen.

WANDERN

Wandern ist natürlich das Größte für einen Hund und seine Menschen sind immer mit dabei. Unterwegs in freier Natur kann er schnüffeln und schauen, wer noch so alles unterwegs ist. Wenn die Strecke wirklich mal zu weit ist, wird er einfach in die Jacke gesteckt. Dort fühlt er sich dann auf jeden Fall auch wohl. Noch besser: Ein spezieller Rucksack, mit dem Sie Ihren Hund tragen können. Ein von mir (Birgit Holler) gezüchteter Chihuahua begleitet Frauchen zweimal pro Woche beim Nordic-Walking und schafft das Tempo prima.

SCHWIMMEN

Viele Chihuahuas sind wasserscheu, aber manche lieben Wasser und plantschen mit Freude darin herum. Probieren Sie einfach aus, ob Ihr Liebling gern ins Wasser geht. Das Gewässer sollte aber ruhig und seicht sein, denn schnell kann die Strömung das Leichtgewicht mitreißen und er wird ins offene Meer hinaus oder flussabwärts getrieben. Aus eigener Kraft würde er es nicht mehr zurückschaffen. Lassen Sie ihn daher am Strand oder Flussufer auf keinen Fall unbeobachtet laufen bzw. schwimmen. Ich würde einen Chihuahua niemals ohne Schleppleine (gibt es in verschiedenen Längen und Durchmessern) im Meer schwimmen lassen.

Wasserscheu: Die meisten Chihuahuas bevorzugen Land unter den Pfoten.

Chihuahuas sind lernfreudig und wollen beschäftigt werden.

SPIELEN

Mit Ihnen zu spielen, ob beim Spaziergang, im Garten oder in der Wohnung, steht ganz oben auf der Hitliste Ihres Chihuahuas. Da darf es auch gern einmal wild und laut zugehen. Spielen Sie Fangen, albern Sie mit ihm auf dem Boden herum und raufen Sie miteinander. Lassen Sie ihn dabei auch mal gewinnen – keiner will immer der Verlierer sein.

Sie brauchen keine Spielzeuge, um mit Ihrem Hund Spaß zu haben. Wenn Sie welche einsetzen, sollten diese natürlich zu seiner Größe passen. Doch nicht alle Chihuahuas wollen es klein. Je größer, desto besser, scheint bei einigen die Devise zu sein: Stolz schleppen diese Kleinen ihre im Verhältnis riesige Beute hocherhobenen Hauptes und unter sichtlicher Anstrengung in ihr Körbchen.

Bällchen werfen ist der Klassiker und Ihr Chihuahua wird dem Ball hinterherlaufen, als hätte er Düsenantrieb. Doch die Hatz nach dem Ball kann süchtig machen, vor allem Hunde, die schnell aufdrehen. Das ist dann nicht mehr lustig, auch wenn es vielleicht so anmutet. Werfen Sie den Ball dann nur gelegentlich, und achten Sie darauf, dass er für Ihren Hund nicht zu wichtig wird und er nicht nur noch den Ball im Sinn hat.

MIT DEM CHIHUAHUA ARBEITEN

Eine größere Herausforderung für Ihren Chihuahua ist es, wenn Sie mit ihm arbeiten. Hört sich anstrengend an, macht aber Spaß. Und eine verdiente Belohnung ist mehr wert als eine geschenkte.
Etwas zu leisten und dafür Lob und/oder Leckerchen einzuheimsen, lässt die kleine Chihuahua-Brust vor Stolz anschwellen. Das können sportliche Aktivitäten wie Agility oder Dog Dancing sein, Futterspiele (siehe S. 112), Tricks, aber auch Nasenarbeit und Apportieren.
Den Schwierigkeitsgrad bestimmen Sie selbst, ganz nach Leistungsfähigkeit und Trainingsstand Ihres Hundes. Wenn Sie mehr daraus machen wollen, finden Sie bei zahlreichen Hundeschulen und -vereinen entsprechende Kurse.

TRICKS

Lustige Tricks einzuüben, fällt den kleinen Clowns nicht schwer. Und der Applaus kommt ihnen gerade recht. Kleine Auswahl: Männchen oder eine Rolle machen, auf Kommando umfallen; Ihren Schuh mit der winzigen Pfote antippen; die Post holen (leichte Briefe, keine schweren Zeitungen); ein Taschentuch bringen, wenn Sie niesen; Ihre Schnürsenkel öffnen, wenn Sie Ihre Schuhe ausziehen wollen, und noch viel mehr kann Ihr kleiner, cleverer Mitbewohner lernen.

Männchen machen ist ein einfacher Trick.

SUCHEN

Was Drogen- oder Sprengstoffsuchhunde können, kann Ihr Knirps auch – in angepasster Form. Denn er kann nach allem suchen, was Sie ihm beibringen: Leckerchen, Käse, von Ihnen ausgewählte Spielzeuge, Autoschlüssel, Teebeutel usw. Alles eine Sache der Übung. Die einfachste Variante ist, eine Spur aus leckeren Happen zu legen, an deren Ende die große Portion auf ihn wartet. Weitere Ideen für Futtersuchspiele finden Sie auf der Seite gegenüber.

APPORTIEREN

Das Schöne am Apportieren: Sie können es ganz locker angehen lassen, etwas werfen und Ihren Chihuahua dann suchen lassen. Oder Sie führen Regeln ein und machen es etwas anspruchsvoller.

So kann es gehen: Verstecken oder werfen Sie Spielzeug oder Bringobjekte (Dummys). Suchen darf Ihr neben Ihnen wartender Hund erst dann, wenn Sie es erlauben. Und er darf sich damit nicht aus dem Staub machen, sondern muss es ordentlich zurückbringen.

Für den Einstieg bieten sich mit Futter gefüllte Beutel an. Das kann ein spezieller „Futter-Dummy" mit Reißverschluss sein oder ganz einfach der Leckerchenbeutel, wenn er sich so verschließen lässt, dass kein Futter herausfällt. Bringt Ihr Chihuahua Ihnen den Beutel, bekommt er natürlich etwas vom leckeren Inhalt.

BH-PRÜFUNG

Auch Chihuahuas lassen sich als Begleithunde ausbilden. Es ist erstaunlich, wie die kleinen Vierbeiner alles ihrem Menschen zuliebe machen. Und beweisen, wie folgsam und gut erzogen sie sein können. Informationen dazu bekommen Sie bei vielen Hundeschulen und -vereinen.

Die ersten Male ist Leckerchenspur ganz einfach.

Im Schnüffelteppich versteckte Leckerli suchen.

Fährte aus Würstchenwasser …

… mit Würstchen-Jackpot am Ziel.

Suchen ist eine anspruchsvolle Beschäftigung.

Mühelos fliegt der Kleine über die Hürde.

Gleich kippt die Wippe.

SPORT MIT DEM CHIHUAHUA

Sport geht auch mit kleinem Hund. Chihuahuas sind wendig, quirlig und erstaunlich ausdauernd. Es muss ja kein Marathonlauf sein, doch bei einem mehrstündigen Spaziergang mitzulaufen, ist kein Problem – vorausgesetzt, Ihr kleiner Freund ist erwachsen, gesund, in guter Kondition und entsprechend trainiert. Passen Sie die Aktivitäten immer dem Leistungsvermögen Ihres Hundes an.

Wenn es dem Chihuahua-Senior zu anstrengend ist, darf er in den Hundewagen.

Sprung durch den Reifen.

Blitzschnell durch den Sacktunnel.

Vor dem Sport steht ein Besuch beim Tierarzt an, um Gelenke und Leistungsfähigkeit zu checken. So vermeiden Sie zu große Belastungen für Ihren Hund.

AUF KURZEN BEINEN

Am Fahrrad mitzulaufen, die Begleitung beim Joggen oder beim Inline Skating überfordert die Chihuahua-Beinchen, und die Begleitung am E-Bike ist absolut tabu. Trotzdem kann eine Fahrradtour Spaß machen, wenn der Kleine sich die Landschaft aus einem Körbchen am Fahrradlenker anschauen kann. Natürlich muss er gesichert sein, damit er nicht herausfallen bzw. herausspringen kann. Ideal sind mit einem Gitter geschützte, spezielle Hunde-Fahrradkörbchen.
Ist Ihr betagter Chihuahua unterwegs dabei oder gibt es viel Trubel, ist Ihr kleiner Freund in einem speziellen Hundewagen sicher aufgehoben. Und kann von oben das Geschehen um ihn herum ganz entspannt genießen.

AGILITY

Der Geschicklichkeitslauf ist eines der beliebtesten Hobbys für Menschen, die mit ihrem Hund Sport treiben wollen, ob nur zum Spaß im Training oder anspruchsvoll im Wettkampf. Der Hundeführer begleitet seinen Vierbeiner durch einen Parcours.
Er leitet ihn mit Sicht- und/oder Hörzeichen an, die Hindernisse der zuvor festgelegten

PAUSEN MACHEN

Wird es Ihrem Chihuahua zu anstrengend, hechelt er vermehrt, bleibt zurück oder zeigt, dass er keine Lust mehr hat. Gönnen Sie ihm dann eine Pause oder tragen Sie ihn. Im Sommer sollten sportliche Aktivitäten in die kühleren Morgen- oder Abendstunden verlegt werden und der Mittagsspaziergang möglichst durch den beschatteten Wald führen. Nehmen Sie Wasser mit, für unterwegs gibt es praktische Kunststoffflaschen mit Napf.

Hindernislauf der anderen Art: Als Trio macht's viel mehr Spaß. Wer ist am schnellsten?

Reihenfolge möglichst in der Standardzeit zu meistern: Hürden, Laufsteg, Reifen, Schrägwand, Slalom, Tisch, Tunnel (fest), Tunnel (Stoff), Viadukt oder Mauer, Weitsprung, Wippe. Es gewinnt der Hund mit den wenigsten Fehlern, bei Gleichstand der schnellste.

Das Gute daran: Ein Chihuahua startet in Klasse S (Small) für Hunde bis 35 cm Widerristhöhe (Schulterhöhe), mit entsprechend für kleine Hunde angepassten Hindernissen. Teilnehmen können gesunde Hunde ab 18 Monaten in verschiedenen Leistungsklassen. Informationen bekommen Sie bei Hundeschulen und Vereinen.

SELFMADE AGILITY

Sie wollen zu Hause einen Parcours aufbauen, im Garten oder bei entsprechend großer Wohnung sogar indoor? Kein Problem: Hindernisse können Sie im Zoofachhandel kaufen oder selbst bauen. So können Sie Ihr Selfmade Agility genau den Bedürfnissen Ihres Hundes anpassen, z. B. indem Sie einzelne Hindernisse weglassen oder niedriger aufstellen.

Überprüfen Sie jedoch alle Hindernisse auf mögliche Gefahrenquellen und achten Sie darauf, dass der Hund sich bei Berührung nicht verletzen kann, zum Beispiel Querstangen leicht herunterfallen.

DOG DANCING

Tanzen macht Spaß, zusammen mit dem Vierbeiner noch viel mehr. Sie können für sich und Ihren Chihuahua eine individuelle Tanznummer zusammenstellen, die aus sportlichen Einlagen und Trickelementen bestehen kann. Die Kombination macht's, und je harmonischer Hund und Mensch zusammen tanzen, desto besser.
Dog-Dancing-Profis zeigen ihre ausgeklügelten Choreografien passend zur Musik und aufwendig kostümiert bei Turnieren in verschiedenen Leistungsklassen.
Doch das Schöne am Dog Dancing ist, dass Sie es mit Ihrem Chihuahua nach Lust und Laune überall und jederzeit ausüben können – einfach zwischendurch, wenn es gerade passt. Und Sie können die Tanzelemente ganz auf Ihren Hund und Ihre Talente abstimmen. Dabei ist es ganz egal, ob er alt oder jung, eine Sportskanone oder eher von gemütlicher Natur ist. Hauptsache, es macht Ihnen beiden Spaß.

THERAPIEHUND

Immer mehr Organisationen bilden Vierbeiner als Besuchshunde aus, um mit ihnen zum Beispiel Menschen in Krankenhäusern oder Seniorenresidenzen zu besuchen oder Kinder im Unterricht mit Hunden vertraut zu machen. Natürlich muss der Hund gesund, gepflegt und freundlich sein. Das kann etwas für Sie und Ihren Hund sein? Viele karitative und andere Organisationen geben Ihnen weitere Informationen.

Dog Dancing ist überall möglich.

MIT DEM CHIHUAHUA AUF REISEN

Lassen Sie sich bei der Buchung des Feriendomizils schriftlich bestätigen, dass Ihr Chihuahua willkommen ist. Für mitreisende Hunde muss meist ein Aufpreis bezahlt werden.

Erkundigen Sie sich unbedingt frühzeitig, welche Impfungen, Gesundheitsbescheinigungen und Unterlagen des Hundes für das Urlaubsland und Transitländer aktuell benötigt werden. In den meisten EU-Ländern ist das eine Kennzeichnung des Hundes mit Mikrochip sowie der EU-Heimtierausweis mit eingetragener gültiger Tollwutimpfung. Infos bekommen Sie bei den Botschaften oder Konsulaten der Reiseländer, bei Verkehrsclubs sowie bei Ihrem Tierarzt.

SPASS FÜR DEN HUND

Planen Sie Ihren Urlaub so, dass auch Ihr Chihuahua auf seine Kosten kommt. Darf er Sie ins Hotelrestaurant begleiten oder an den Strand? Gibt es ausgewiesene Hundestrände? Wie sieht es aus mit der Leinenpflicht am Urlaubsort? Muss der Hund in öffentlichen Verkehrsmitteln einen Maulkorb tragen? Fragen Sie nach, was Ihr Reiseziel für Urlauber mit Hund vorschreibt und bietet.

GESUNDHEIT GEHT VOR

Je nach Reiseland gibt es unterschiedliche Gesundheitsgefahren für Hunde, zum Beispiel im Mittelmeerraum. Und wegen einer Vorerkrankung oder des Klimas im Urlaubsland kann eine Reise für den Hund beschwerlich oder sogar gefährlich sein. Besprechen Sie mit Ihrem Tierarzt, ob Sie Ihrem Chihuahua die Reise zumuten bzw. wie Sie ihn schützen können. Informieren Sie sich bereits vor der Reise, wie es mit der tierärztlichen Versorgung am Urlaubsort aussieht.
Muss Ihr Hund Medikamente einnehmen? Bestellen Sie diese rechtzeitig beim Tierarzt und erkundigen Sie sich, ob Sie für deren Einfuhr gesonderte Unterlagen benötigen.
Tipp: Manche Reiserücktrittsversicherungen springen auch dann ein, wenn der Hund krank wird. Infos gibt es bei Ihrem Reiseveranstalter oder Versicherungsmakler.

FLUGZEUG UND BAHN

Die große Persönlichkeit des Chihuahuas steckt in kleiner Verpackung – das ist auf Reisen mit ihm sehr praktisch. Bei vielen Fluggesellschaften darf Ihr kleiner Freund im Passagierraum mitfliegen, sofern er während des Flugs in einer Transportbox untergebracht ist. Melden Sie ihn jedoch rechtzeitig an, denn die Anzahl der dort mitreisenden Hunde ist limitiert. Bei den meisten Bahnreisen innerhalb Deutschlands gilt: In einer Transportbox fährt der Hund kostenlos mit. Wichtig: Erkundigen Sie sich immer frühzeitig nach den genauen Konditionen für Ihre Reise bei der Bahn bzw. Fluglinie.

Fangen Sie frühzeitig an mit der Planung und Vorbereitung für den Urlaub mit Hund.

OHNE CHIHUAHUA UNTERWEGS

Nicht immer kann Ihr Chihuahua Sie auf Ihren Reisen begleiten. Am schönsten ist es natürlich, wenn er so lange bei ihm vertrauten Verwandten oder Freunden wohnen kann. Alternativ können Sie ihn in einer Hundepension oder einem Hundehotel unterbringen, einen Haus-Sitter engagieren, der sich auch um den Vierbeiner kümmert, oder sich bei einer Hundebetreuung auf Gegenseitigkeit registrieren, nach dem Motto: Nimmst du meinen Hund, nehme ich deinen. Prüfen Sie alle „externen" Angebote sehr genau. Wie sind Unterkunft, Pflege, tierärztliche Versorgung und Beschäftigungsangebot für den Hund? Welche Referenzen haben die Anbieter. Erkundigen Sie sich beim Tierarzt und Tierschutz und machen Sie sich vorher ein Bild vor Ort.

Checkliste

CHIHUAHUA-GEPÄCK

- ☐ Alle benötigten Papiere
- ☐ Gewohntes Futter, Kauknochen und Leckerchen
- ☐ Evtl. benötigte Medikamente
- ☐ Reiseapotheke und Erste-Hilfe-Set (nach Absprache mit dem Tierarzt)
- ☐ Halsband und Leine
- ☐ Adressanhänger mit vollständiger Heimat- und Urlaubsadresse sowie Telefonnummern
- ☐ Futter- und Wassernapf
- ☐ Transportbox, Decken, ggf. Körbchen oder Tragetasche
- ☐ Spielzeug und Kauknochen
- ☐ Bürste, Kamm und Zeckenentferner
- ☐ Hundehandtücher
- ☐ Hundeshampoo
- ☐ Kottüten
- ☐ Ggf. Maulkorb (je nach Reiseland)

HUNDEAUSSTELLUNGEN

Für Züchter sind sie eine Notwendigkeit, für viele Chihuahua-Halter ein Hobby – die Besuche von Ausstellungen.

Es gibt sie in verschiedenen Kategorien, von der regionalen Vereinsebene bis hin zu großen, internationalen Veranstaltungen unter Federführung der FCI (siehe S. 7). Dort wird der Hund präsentiert und bewertet, indem der Zuchtrichter ihn untersucht und ihn im Stand und beim Laufen beurteilt und sein Augenmerk insbesondere auf den Rassetyp, Anatomie, Gangwerk und Wesen legt. Als Vergleich dient dem Richter der aktuelle Rassestandard. Der Hund erhält eine sogenannte Formwertnote und wird in einem Bericht mit seinen Vorzügen und Fehlern beschrieben. Ohne ausreichende Benotung bekommt ein Chihuahua keine Zuchtzulassung, zudem ist die fachkundige Einschätzung für den Züchter sehr interessant und hilft ihm bei seiner weiteren Zuchtplanung sowie der Suche nach geeigneten Deckrüden.

Ein Champion gewinnt Pokale, doch für den Züchter ist die Beurteilung des Hundes wichtiger.

AUSSTELLUNGS-KLASSEN, BEWERTUNGEN UND TITEL

Je nach Lebensalter oder bisherigen Erfolgen auf Ausstellungen werden die Hunde in unterschiedliche Klassen eingeteilt und bewertet.
In der **Jüngstenklasse (6–9 Monate)** können folgende Bewertungen vergeben werden: Vielversprechend (VV), Versprechend (Verspr), Wenig versprechend (WV).
In der **Jugendklasse (9–18 Monate)** und für Hunde ab 15 Monaten gibt es folgende Formwertnoten:

Vorzüglich (V) Die beste Note, die vergeben werden kann. Nur Hunde, die dem Rassestandard sehr nahekommen und im Wesen, Pflegezustand, Auftreten und Vorführung vollends überzeugen, können damit bewertet werden.

Sehr Gut (SG) Bekommen nur typische Hunde mit guten Proportionen und guter Verfassung. Wenn auch nur die zweitbeste Note, hat der Halter immer noch einen Klassehund.

Gut (G) Die wichtigen Merkmale der Rasse sind vorhanden, aber auch Fehler, die zur Abwertung führen.

Genügend (Ggd) Trotz vorhandenem Rassetyp fehlen wichtige Eigenschaften oder eine gute körperliche Verfassung des Hundes.

Nicht genügend (Nggd) Der Hund entspricht im Typ oder Verhalten nicht dem Standard, hat Gesundheitsbeeinträchtigungen oder einen schweren Fehler.

Disqualifiziert (Disq) Keine Bewertung erhalten Hunde, die sich vom Richter nicht vollständig untersuchen lassen oder deren Gangwerk bei der Vorführung nicht beurteilt werden kann. Auch kosmetische oder andere Behandlungen oder Eingriffe, die Fehler verbergen oder den Hund „verbessern“ sollen, führen zur Disqualifikation.
Hunde ab 15 Monate werden auf den Ausstellungen in weitere Klassen unterteilt: Zwischenklasse (bis 24 Monate), offene Klasse und Championklasse (Letztere mit erforderlichem Titel). Für jede Klasse können Platzierungen von I bis IV vergeben werden. Die besten Hunde konkurrieren um weitere Ehren:

Best of Breed (BOB) Bester Hund der Rasse

Best in Group (BIG) Bester Hund der Gruppe, beim Chihuahua also der beste Hund der FCI-Gruppe 9 (Gesellschafts- und Begleithunde), in Konkurrenz stehen u. a. Pudel, Mops und Französische Bulldogge.

Best in Show (BIS) Bester Hund der Ausstellung

CACIB Anwartschaft auf den Titel „Internationaler Schönheits-Champion“. Für den Titel benötigt der Hund vier Anwartschaften.

CACIB-R Reserve-Anwartschaft auf den Titel „Internationaler Schönheits-Champion“

VDH-CAC Anwartschaft auf den nationalen Titel „Deutscher Champion (VDH)“. Für den Titel benötigt der Hund fünf Anwartschaften.
Weiterhin gibt es Anwartschaften auf die Titel „Deutscher Jugend-Champion“ (VDH) und „Deutscher Veteranen-Champion“ (VDH) sowie ausstellungsspezifische Titel, zum Beispiel Bundesjugendsieger, Bundessieger, VDH-Europa-Jugendsieger oder VDH-Europasieger.

SERVICE
— *Wissenswertes für Hundehalter*

ZUM WEITERLESEN

Bloch, Günther und Elli. H. Radinger:
Der Mensch-Hund-Code. Kosmos
Affe trifft Wolf. Kosmos
Wölfisch für Hundehalter. Kosmos

Bruns, Sandra und Steinhoff, Sophie:
Vorsicht, giftig! Anti-Giftködertraining für Hunde. Kosmos

Buksch, Martin:
Gesunde Ernährung für Hunde. Kosmos
Kosmos Praxishandbuch Hundekrankheiten. Kosmos

Engelhardt, Marc und Richter, Stefanie:
Bürohunde. Kosmos

Esser, Johanna: **Körpersprache von Hund und Mensch.** Kosmos

Feddersen-Petersen, Dr. Dorit: **Hundepsychologie, mit DVD.** Kosmos

Führmann, Petra und Hoefs, Nicole und Franzke, Iris: **Das Kosmos Erziehungsprogramm für Hunde.** Kosmos

Gansloßer, Udo und Krivy, Petra: **Schlau macht – Wau.** Kosmos

Gansloßer, Udo und Krivy, Petra: **Verhaltensbiologie Hund – Praxisbuch.** Kosmos

Gansloßer, Udo und Kitchenham, Kate:
Beziehung – Erziehung – Bindung. Kosmos
Forschung trifft Hund. Kosmos

Handelmann, Barbara: **Hundeverhalten.** Kosmos

Jobi, Anke: **Clean Feeding.** Kosmos

Kaiser, Claudia:
Chihuahua Training. Expertengruppe
Chihuahua Erziehung. Expertengruppe

Keulert, David: **Kleine Hunde richtig beschäftigen.** Oertel und Spörer

Kitchenham, Kate:
Spielekiste für Hunde. 5 Spielzeuge – 50 Spielideen. Kosmos
Wissen Hunde, dass sie Hunde sind? Kosmos

Klüver, Danja: **Barf. Rohfütterung für Hunde.** Kosmos

Koring, Mel: **Welpenschule.** Kosmos

Kolodzey, Charlotte: **Gesund füttern – Entzündungen vorbeugen.** Kosmos

Lausberg, Frank: **Erste Hilfe für den Hund.** Kosmos

Steinhoff, Lara Sophie: **Video – Erste Hilfe für den Hund.** Kosmos

Nadig, Alexandra: **Heilpflanzen für Hunde.** Kosmos

Nitzschner, Marie: **Die Persönlichkeit des Hundes.** Kosmos

Przygoda, Jeanette: **Gemeinsam unterwegs.** Kosmos

Pryor, Karen: **Positiv bestärken – sanft erziehen.** Kosmos

Räber, Hans: **Enzyklopädie der Rassehunde.** pdf. Kosmos

Savolainen, Peter und Team von der Königlich Technischen Hochschule in Solna, Schweden: **„Pre-Columbian origins of Native American dog breeds, with only limited replacement"**, Proceedings of the Royal Society B (10.7.2013; doi: 10.1098/rspb.2013.1142)

Schmidt-Röger, Heike:
Hundeverhalten. Kosmos
Was denkt mein Hund. Kosmos
Hunde – Das große Praxishandbuch. Gräfe und Unzer

Theby, Viviane: **Das Kosmos Welpenbuch.** Kosmos

Toll, Claudia: **Kommt nicht, gibt's nicht.** Kosmos

Üncüncü, Gülay: **Der gelassene Hund.** Kosmos

Winkler, Sabine: **So lernt mein Hund.** Kosmos

Ziemer-Falke, Kristina und Ziemer, Jörg: **Entspannt allein.** Kosmos

NÜTZLICHE ADRESSEN

Chihuahua-Club e. V.
www.chihuahua-club.de

Chihuahua-Klub Deutschland e. V.
www.chihuahuaklub.de

Verband Deutscher Kleinhundezüchter e. V.
www.kleinhunde.de

Verband für das Deutsche Hundewesen e. V. VDH
www.vdh.de

Österreichischer Kynologenverband (ÖKV)
www.oekv.at

Schweizerische Kynologische Gesellschaft (SKG)
www.skg.ch

Deutscher Tierschutzbund e. V.
www.tierschutzbund.de

Deutsches Haustierregister
www.registrier-dein-tier.de

TASSO e. V., Tierregistrierung
www.tasso.net

Bundesverband praktizierender Tierärzte
www.smile-tierliebe.de

Datenbank giftiger Pflanzen & Substanzen
www.giftpflanzen.ch

DANK

Herzlichen Dank an alle, die bei der Entstehung des Buches mitgewirkt haben, insbesondere der Tierärztlichen Tagesklinik in Löhnberg und dem Mitinhaber Norman Jekel (www.tagesklinik-loehnberg.de), der Kleintierpraxis Wissenbach und dem Mitinhaber Dr. Hansjörg Lehn für die Unterstützung (www.kleintierpraxis-wissenbach.de) und der Tierheilpraktikerin Theresa Diehl von EquiCa-Health Ganzheitlicher Therapie (www.equica-health.de). Vielen Dank allen, die uns ihre schönen Locations für unsere Fototermine überlassen haben und natürlich geht ein herzlicher Dank an alle zwei- und vierbeinigen Fotomodelle, sie haben sich allesamt übertroffen. Danke Kira. Und jeweils ein Dank an Leder-Brückel und Nelsons Cafè Bar in Herborn. Die Shootings haben wieder viel Spaß gemacht.

REGISTER

BILDNACHWEIS

150 Farbfotos wurden von Heike Schmidt-Röger/Kosmos für dieses Buch aufgenommen.

IMPRESSUM

Umschlaggestaltung von WALTER Typografie & Grafik GmbH, Würzburg unter Verwendung von 8 Farbfotos von Heike Schmidt-Röger/Kosmos und Illustrationen von Shutterstock/Nikiteev_Konstantin.

Mit 158 Farbfotos.

Gedruckt auf chlorfrei gebleichtem Papier

ISBN 978-3-440-17001-4
Redaktion: Ute-Kristin Schmalfuß
Gestaltungskonzept: Peter Schmidt Group GmbH, Hamburg
Gestaltung und Satz: Atelier Krohmer, Dettingen/Erms
Produktion: Nina Renz
Druck und Bindung: Westermann Druck Zwickau GmbH, Zwickau
Printed in Germany / Imprimé en Allemagne

Rassestandard
— *Chihuahua (Chihuahueño)*

Kurzer geschichtlicher Abriss

Der Chihuahua gilt als die kleinste Rasse der Welt, benannt nach dem größten Staat der mexikanischen Republik (Chihuahua), wo er angeblich in der Wildnis lebte. Er wurde von den Indianern gefangen und domestiziert während der Tolteken Zivilisation. Abbildungen von einem Pygmäen-Hund namens „Techichi" der in Tula lebte und sehr ähnlich zu den aktuellen Chihuahuas war, wurden in der Dekoration der Architektur aufgenommen.

Allgemeines Erscheinungsbild

Es ist ein kompakter Hund. Von überragender Bedeutung ist zu beachten, dass sein Kopf apfelförmig ist und seine Rute mäßig lang hochgetragen im Bogen oder Halbkreis mit der Spitze nach dem Rücken gerichtet ist.

Wichtige Proportionen

Die Länge ist etwas mehr als die Widerristhöhe. Es wird ein fast quadratischer Körper gewünscht, vor allem bei den Rüden; etwas länger bei Hündinnen aufgrund der reproduktiven Funktion.

Verhalten/Charakter (Wesen)

Lebhaft, wachsam, ruhelos und sehr mutig.

Kopf

OBERKOPF

Schädel: Gut gerundet, apfelförmig (Besonderheit der Rasse).
Stop: Gut markiert, tief und breit, infolge der gewölbten Stirn über den Ansatz des Fanges.